U0283484

建筑装饰深化设计
工作手册

刘　正　董克健　许　超　**主编**

江苏凤凰科学技术出版社 · 南京

图书在版编目（CIP）数据

建筑装饰深化设计工作手册 / 刘正，董克健，许超主编. -- 南京：江苏凤凰科学技术出版社，2024. 10.

ISBN 978-7-5713-4683-6

Ⅰ. TU238-62

中国国家版本馆 CIP 数据核字第 2024J4N740 号

建筑装饰深化设计工作手册

主　　编	刘　正　董克健　许　超
项目策划	熊兆宽
责任编辑	赵　研
责任设计编辑	蒋佳佳
特约编辑	高雅婷　王晓静
出版发行	江苏凤凰科学技术出版社
出版社地址	南京市湖南路 1 号 A 楼，邮编：210009
出版社网址	http://www.pspress.cn
总　经　销	天津凤凰空间文化传媒有限公司
总经销网址	http://www.ifengspace.cn
印　　刷	北京博海升彩色印刷有限公司
开　　本	889 mm×1 194 mm　1 / 16
印　　张	11
字　　数	88 000
版　　次	2024 年 10 月第 1 版
印　　次	2024 年 10 月第 1 次印刷
标准书号	ISBN 978-7-5713-4683-6
定　　价	98.00 元

图书如有印装质量问题，可随时向销售部调换（电话：022-87893668）。

“建筑装饰工程设计专业教学参考资料”编委会

本书编委

策　　划　中国建筑装饰协会公共建筑装饰工程分会

教育部职业院校艺术设计类专业教学指导委员会

主　　编　刘　正　董克健　许　超

副 主 编　李　坚　张世堂　李伯森　陈文韬

编审组成员　罗　胜　朱钱华　徐支农　潘国锋　许炳峰　卢志宏　陈　飞　穆恩典

参 编 人 员　徐国宏　丁金权　郑　伟　陈立栋　刘　彬　罗　津　闫怀刚　韩明伸

卢峻平　李　博　王小柱　王　雷　王东富　于大为　卫旭东

名誉主编　季春华　姜　峰　闫志刚

参编单位

浙江亚厦装饰股份有限公司

中国建筑装饰协会公共建筑装饰工程分会

中国建筑装饰协会学术与教育专业委员会

教育部职业院校艺术设计类专业教学指导委员会

中国建筑设计研究院有限公司

中国建筑标准设计研究院有限公司

深圳市杰恩创意设计股份有限公司

华阳国际设计集团

北京清尚建筑设计研究院有限公司

中国建设科技有限公司人才培训中心

北京市建筑教育协会

上海市建筑装饰工程集团

中国装饰股份有限公司

苏州金螳螂文化发展股份有限公司

北京建院装饰工程设计有限公司

北京筑邦建筑装饰工程有限公司

上海大朴室内设计有限公司

深圳市奥视装饰科技有限公司

苏州青木年艺术设计事务所

苏州新筑时代网络科技有限公司

苏州正和伍空间设计有限公司

序一

当前我国城市建设已经从高速发展转向高质量发展的阶段，建筑装饰行业也面临转型升级的挑战，发展新质生产力，实现建筑工业化，追求高质量的创新发展已经成为趋势。在这样的背景下，由建筑装饰深化设计一线从业人员组织编写的《建筑装饰深化设计工作手册》（以下简称《手册》）及五册《建筑装饰节点图集》（以下简称《图集》）的出版，可谓正逢其时。

在长期的生产实践中，一些建筑装饰龙头企业如苏州金螳螂文化发展股份有限公司、浙江亚厦装饰股份有限公司等已经将建筑装饰深化设计作为企业的核心竞争力。近年来陆续编著了十余部有关建筑装饰深化设计的图书，如《室内设计师必知的 100 个节点》等，广受读者好评。《手册》和五册《图集》的出版对建筑装饰行业的高质量发展具有重要的意义，具体表现为以下三个方面：第一，承前启后，完成了从一线实践到理论总结的提升，本书作者在以往深化设计研究的基础上，结合多年数以千计的项目案例，对建筑装饰设计进行了系统化整理和总结，搭建了深化设计的理论体系和应用范例，对建筑工业化时代下的室内设计的标准化、精细化发展具有指导意义。第二，根据教从产出的原则，它弥补了设计教育指导实践不足的问题，我们的设计教育不仅要做到自上而下，理论指导实践，从方案创意到施工图，还要能够自下而上，从施工图的产品构成开始，以产品思维和建造逻辑为出发点，进而影响设计创意。第三，从受众群体上看，这套书既考虑到广大室内设计专业的在校学生，可作为教材学习使用，又兼顾了建筑装饰设计从业人员，亦可作为参考和速查的工具书，因而在行业内具有广泛性、前瞻性和引领性。

中国建筑学会作为建筑设计行业的重要学术组织，一直以推动行业发展为使命，积极支持机构和个人做出对行业发展有利的举措。希望以此套书为起点，围绕建筑装饰深化设计多出书、出好书，为建筑装饰设计行业提供深度支撑，为大众建造更美好的空间。我欣喜地发现，本书作者团队也正在编写《建筑装饰深化设计技术手册》及《建筑装饰深化设计专项手册》，这将使建筑装饰深化设计更加体系化，也将为行业的高质量发展持续助力。

中国建筑学会秘书长　李存东
2024 年 4 月

序二

随着我国经济的高速发展，各行各业都得到了快速的发展和进步。当前，在我国“百年未有之大变局”的时代背景下，各行各业都随之进入了一个新的高质量发展阶段，大家都在尝试、探索未来的发展之路，建筑装饰行业同样如是。《建筑装饰深化设计工作手册》及五册《建筑装饰节点图集》的出版，无疑是从装饰深化设计角度，交出了一份满分答卷。看了这套丛书，让我不禁联想到平面设计之父原研哉的《设计中的设计》一书中“再设计”的理念，两者有着异曲同工之妙，都对行业的发展从野蛮生长，到流程化，再到标准化的进程有了更加清晰的认知。

《建筑装饰深化设计工作手册》（以下简称《手册》）及五册《建筑装饰节点图集》（以下简称《图集》），我总结出三大特性：第一是系统性，《手册》的重点内容是剖析深化工作流程，从施工进场到竣工验收，从资料签收到项目总结，把每个阶段该干什么、该怎么干，都讲得非常详细，这对于初学者来说，就像身边多了一位好老师，让人在工作中有了主心骨；而五册《图集》，从基层到面层，从工艺到材料，从收口要领到管控要点，都进行了翔实地讲解，里面涉及的一些规范、数据、细节做法，就是从业多年的深化设计的专业人士，也能从这里弥补自己的不足，因而它完全可以成为深化设计从业人员的“工作拍档”。《手册》与五册《图集》，既相互关联又各自独立，六本合体就是一套完整的工艺体系。可以说，有了这套工艺体系，可以“让门外的人快入门，让专业的人更专业”。第二是专业性，本套丛书，由多名从业十年以上的深化设计大咖，从众多亲身经历的经典项目中总结而来，可谓用心良苦。从《手册》中的六大管控阶段划分、真实项目案例、深化表单应用，再到五册《图集》中的节点大样、实景照片、三维模拟图、深化管控要点，无一不透露着作者团队对专业的执着和热爱。第三是及时性，纵观当前整体建筑装饰图书市场，关于深化设计的专业书籍，近年来虽偶有佳作，但都未成体系，缺乏贯通，可以说，这套丛书的问世，将填补深化设计体系建设图书的一个空白。

本套丛书今年就要正式与读者见面了，它的问世将为我们建筑装饰图书市场增添新成员，也将共同服务深化设计行业的读者。最后，希望各位读者能够将书中介绍的宝贵经验运用到实际的工作中，从中受益！

苏州金螳螂文化发展股份有限公司董事长　杨震

2024 年 4 月

前言

随着建筑装饰行业的快速发展和专业领域的不断细分，业主对设计单位、施工单位及各相关专业配套单位的综合专业能力的要求已达到前所未有的高度。然而，国内外设计院所出具的专业图纸（招标图、施工蓝图）往往缺乏深度，其实施的可能性也需要进一步论证。此外，许多相关专业资料提供无法跟上项目的进度，甚至在室内装饰施工图（招标图）完成时，其他设计成果尚未完成，缺乏系统管控和协调。这种情况会导致室内装饰施工图（招标图）内容的准确性和完整性均无法保证。

由于一些项目的业主、施工单位、设计单位及配套专业单位的综合实力和协调沟通能力不足，导致精装修项目的专业性对接和现场落地的综合管控出现各种问题。因此，在相关设计资料提供基本完成阶段，就需要专业的深化设计单位在施工蓝图基础上进行室内深化设计。

深化设计是装饰工程项目中的重要环节。其内容是在各专业设计资料提供现场，完善技术图纸、现场技术指导，协调配合各专业单位，减少项目不必要的成本与工期浪费，保证落地质量与效果满足业主要求，充分发挥项目从设计到落地的“中场发动机”作用。

本手册系统阐述了装饰深化设计工作的标准流程，总结归纳深化设计在装饰工程全过程中的六项关键阶段，贯穿项目全周期。根据大量深化设计项目的经验积累，沉淀深化设计成果与数据，通过工具表单、标准样图及案例说明来详细讲解项目各阶段每一个深化标准动作，指导一线深化设计人员把深化设计做好；同时协助项目深化负责人进行动态管控，共同把深化设计做强。

通过深化设计六大管控节点规范了深化设计工作流程，让深化设计师更清楚自己的工作内容，提升深化设计专业能力，保证实现更好的项目落地效果，让深化设计更有意义和价值。在这个过程中，深化设计师需要不断提升自身的专业素养和综合能力，以应对日益严峻的行业挑战。只有深入理解和掌握深化设计的精髓，才能在装饰行业屹立不倒，为业主提供更优质的服务。

刘正

目录

导读

本书采用“深化进度百分比”的形式，清晰地展示了深化设计工程各阶段的施工周期流程与施工要点。通过表单模板注释、图纸示意、实践要点、施工现场照片以及节点详图等板块，全面剖析深化设计工作的完整过程，特别是其中的实践要点，可以帮助设计师轻松掌握深化设计全过程。

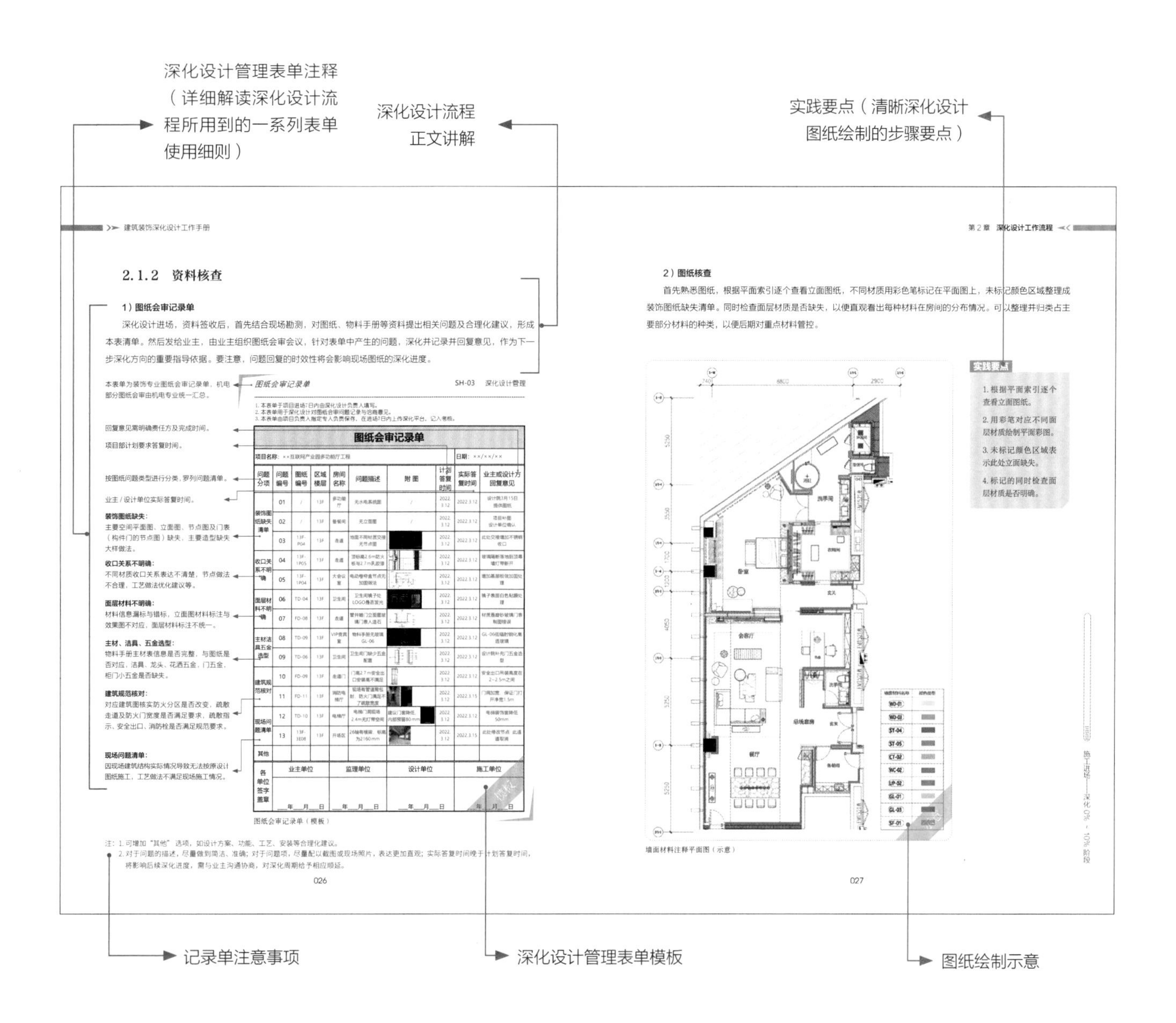

注：1. 本书图表内数据单位除有特殊标注外均为毫米（mm）。

2. 本书所有涉及实际项目图纸与表单均为示意及模板展示，不作为实际施工指导标准用图，最终解释权归浙江亚厦装饰股份有限公司深化设计院所有。

3. 本书表单中出现的编号，例如“SH-02”，为深化设计管理表单的检索编号，书中仅讲解部分重点表单，其余表单电子版随书附赠。

装饰深化设计工作流程图
六大管控节点

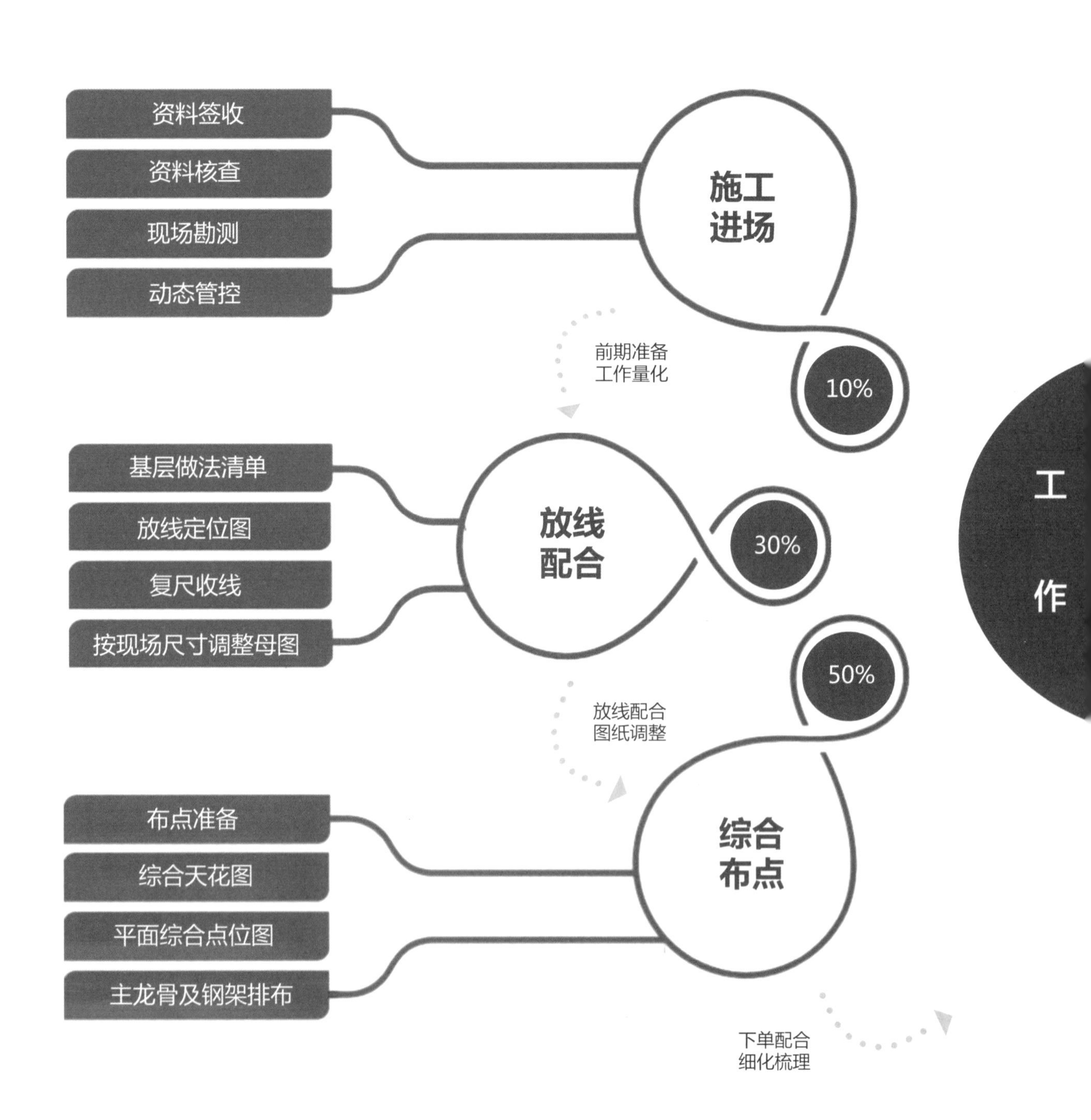

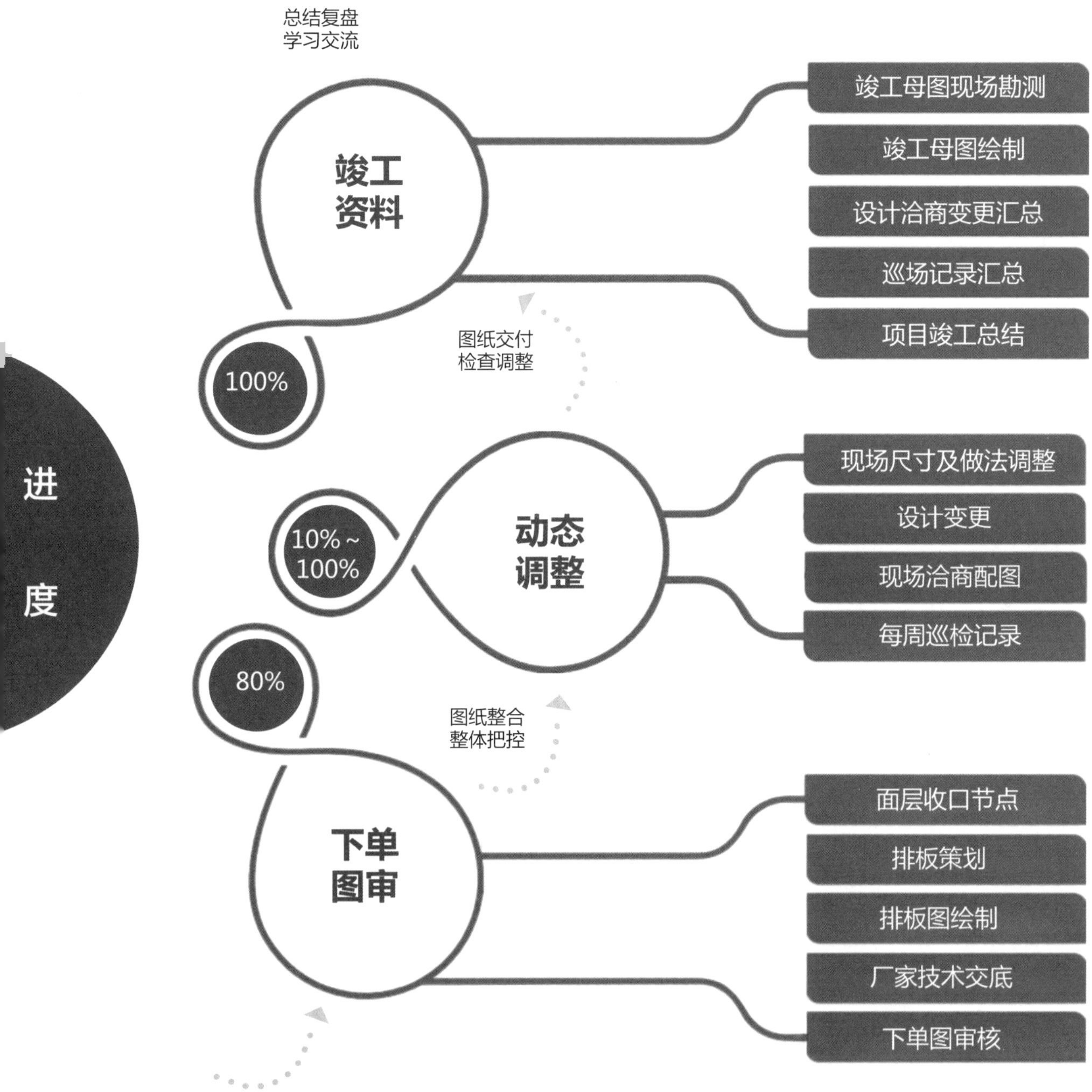

进度

总结复盘
学习交流

竣工资料

100%

竣工母图现场勘测
竣工母图绘制
设计洽商变更汇总
巡场记录汇总
项目竣工总结

图纸交付
检查调整

动态调整

10%～100%

现场尺寸及做法调整
设计变更
现场洽商配图
每周巡检记录

图纸整合
整体把控

下单图审

80%

面层收口节点
排板策划
排板图绘制
厂家技术交底
下单图审核

1
深化设计岗位职责

1

1.1 深化设计师岗位职责

1.1.1 职位概述

负责项目深化设计工作，分见习级和初级，工作内容以辅助性或基础执行的工作为主。在上级领导的引领、指导、帮助下，能够做到交办的各项工作任务计划在规定时间内达到预期效果。

1.1.2 职责任务与权力

1）主要职责

协助设计方、业主方做好图纸补充和图纸深化设计工作。

协助项目深化负责人处理好业主、监理、项目部及相关专业分包单位的部分图纸的技术协调工作。

执行项目深化负责人及以上领导安排的图纸深化工作，完成从前期投标项目技术配合，到中标项目有关图纸深化工作，再到最后项目竣工图的绘制工作。

有效完成图纸资料管理、图纸技术交底等工作。

协助项目深化负责人对现场施工图纸进行落地的监督和管理。

2）工作任务

负责项目图纸收集整理工作。

负责项目图纸会审答疑工作。

负责项目补图、配图、深化图、排板图、竣工图等绘制工作。

负责项目现场问题跟踪、照片拍摄、巡检记录、图纸发放的交底记录工作。

负责项目深化变更配图、洽商配图、隐蔽配图等绘制工作。

负责项目母图、竣工图的绘制工作。

随时向项目深化负责人汇报工作。

3）权责范围

向项目深化负责人及以上领导反馈图纸问题。

可以参与整个深化设计人员晋升考核。

可以报名符合公司要求的各种培训。

1.1.3 岗位能力要求

对深化设计工作有基本的认知。

熟悉深化设计工作流程。

了解常用国家、行业、地方的建筑工程标准规范，了解常用机电消防相关专业知识。

具有独立完成图纸绘制工作能力，出图质量较高，仅个别图纸绘制工作需要在指导下完成。

具备较好的沟通表达能力，可以辅助甚至独立完成与各单位就图纸事宜的沟通工作。

1.2 项目深化负责人岗位职责

1.2.1 职位概述

负责项目深化设计统筹工作；独立负责一个项目或者带领小团队负责一个项目的深化设计工作；能协调业主、设计、总包、其他专业分包单位与项目部的技术工作；制定深化工作计划，分配工作并在此过程中进行技术指导、质量管理，确保项目图纸深化工作顺利推进。

1.2.2 职责任务与权力

1）主要职责

执行项目经理和深化经理工作任务安排。

统筹好项目深化设计工作，制定工作计划，合理分配工作内容。

对深化设计每个管控节点及重要工作完成时间、质量负责。

做好深化团队氛围建设，协调好深化设计师与项目部其他人员关系。

配合标前深化技术工作，参与项目策划，并给予图纸支撑。

按照工程管理深化经理制定的传帮带体系，完成传帮带工作（“传帮带”是指有经验的前辈通过传授技艺、知识和经验，帮助和带领年轻一代的新手迅速成长的过程）。

处理好设计、业主、监理、项目部及相关专业外包单位的所有图纸技术协调工作。

有效进行图纸资料管理、图纸技术交底、厂家深化技术管理等工作。

负责对现场施工图纸落地的监督和管理。

2）工作任务

负责项目清图、配合核算并做好清标工作。

配合项目策划工作，做好图纸的对应修改与调整。

负责深化设计师工作周报审核、上报工作。

负责项目技术总结工作。

负责设计院、业主方设计关系维护工作。

负责传帮带工作，完成对徒弟工作安排和工作指导。

随时向深化经理及深化平台（深化平台是指的公司设置专门深化设计管理部门对项目中深化设计师进行日常工作管理的平台）汇报工作。

3）权责范围

向项目经理、深化主管及以上领导反馈图纸问题。

对徒弟和所管理的深化设计师进行考核、评优工作。

可以参与深化条线晋升考核。

可以报名符合公司要求的各种培训。

1.2.3　岗位能力要求

对深化设计工作及项目管理有较强的认知和见解。

熟练掌握施工工艺、施工工序及材料特性。具备优化节点工艺的能力，且使节点可落地性强；对方案设计作品有深入理解，在项目优化调整方案过程中把好最后一道关；在材料的选用及替换中，能根据材料的特性、造价与效果做好平衡。

具备较好的沟通协调能力，可以协调组织配套单位处理图纸技术问题，可以全面处理设计院、甲方等设计相关问题。

具备对建筑及消防专业的一般认知，拿到施工蓝图后可以将施工图与原建筑图及防火分区图比对分析，并将不合理问题做出分析报告。

具有一定的策划意识及较好的策划能力，对常用材料特性、价格、档次有一定的了解。对本行业商务知识有一定的了解，能够对项目策划提供专业建议并且在深化图纸上将策划点落实。

具有传帮带意识，可以将团队人员提升为独立工作者。

熟悉公司深化工作流程及关键节点管控。

熟悉部分常用国家、行业、地方的建筑工程标准规范，熟悉常用机电相关专业知识，并在制图和审图过程中起到指导性作用。

具有独立完成图纸绘制工作的能力，出图质量较高。

具备较好的沟通能力和团队协作精神，良好的语言组织和书面表达能力。

2
深化设计工作流程

施工进场——深化 0% ~ 10% 阶段

放线配合——深化 10% ~ 30% 阶段

综合布点——深化 30% ~ 50% 阶段

下单图审——深化 50% ~ 80% 阶段

动态调整——深化 10 % ~ 100% 阶段

竣工资料——深化 80% ~ 100% 阶段

2.1 施工进场——深化 0% ~ 10% 阶段

模拟项目工期为 16 周。

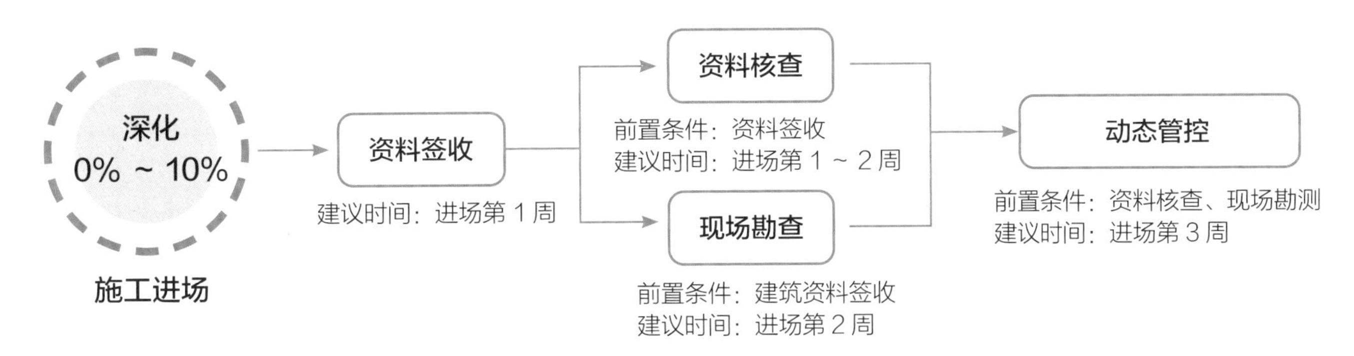

2.1.1 资料签收

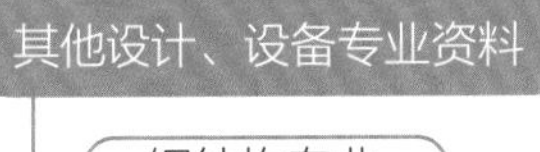

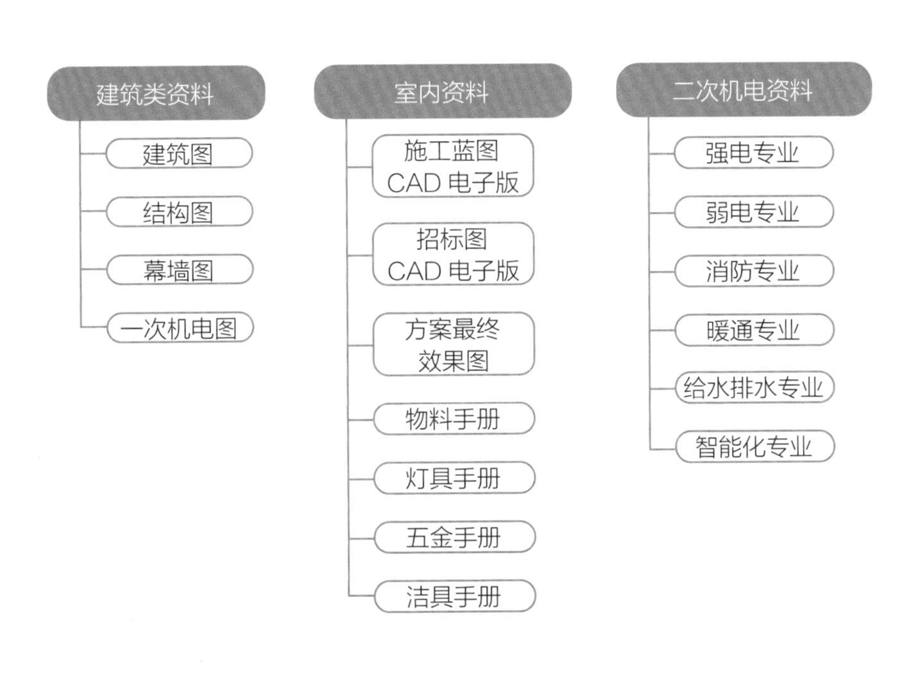

钢结构专业
灯光专业
声学专业
导视专业
软装专业
艺术品专业
厨房专业
泳池专业
电梯专业
旋转门专业
隔断移门专业
电子屏幕专业
嵌入式设备专业

项目原始图纸资料是深化工作开展的前提条件。深化设计进场后，通过对图纸资料及时、准确地签收登记，并结合项目整体进度计划，编制所需图纸提交计划，对深化进度提前进行风险预警，为项目总体深化进度保驾护航。

资料签收时的注意事项如下：

图纸签收记录单，按图纸日期或实际版本号填写。

根据项目总进度计划及深化动态管控表时间要求，填写图纸的计划签收日期。

实际图纸签收日期晚于计划日期，将会影响后续深化图纸完成时间，可与业主协商深化时间给予相应顺延。

设计院或者专业厂家直接发图纸，需要业主单位对图纸版本进行签字确认。

图纸签收记录单　　SH-02　深化设计管理

1. 本表单于项目进场7日内由深化设计负责人填写图纸签收计划。
2. 本表单适用于项目启动阶段，对项目基础信息、造价、施工周期及深化工作推进有重大影响。务必认真填写。
3. 本表单由项目负责人指定专人负责保存，在进场7日内上传深化平台，记入考核。

图纸签收记录单

项目名称：××项目			工管：第×工管管理公司			负责人：张××		
图纸分类	编号	主要内容	类型/版本	计划签收日期	实际签收日期	发图单位	收件人	备注
建筑资料	01	建筑图	CAD/第三版	2022.3.3	2022.3.3	建筑设计院	张××	
	02	结构图	CAD/第二版	2022.3.3	2022.3.3	建筑设计院	张××	
	03	幕墙图	CAD/第二版	2022.3.3	2022.3.3	建筑设计院	张××	
	04	一次机电图	CAD/第一版	2022.3.3	2022.3.3	建筑设计院	张××	
室内资料	05	招标图CAD电子版	CAD/第一版	2022.3.3	2022.3.2	业主单位	张××	
	06	施工蓝图CAD电子版	CAD/第一版	2022.3.5	2022.3.5	业主单位	张××	
	07	方案最终效果图	JPG/第一版	2022.3.5	2022.3.5	业主单位	张××	
	08	物料手册	PDF/第一版	2022.3.5	2022.3.7	业主单位	张××	
	09	灯具手册	PDF/第一版	2022.3.5	2022.3.7	业主单位	张××	
	10	五金手册	PDF/第一版	2022.3.5	2022.3.7	业主单位	张××	
	11	洁具手册	PDF/第一版	2022.3.5	2022.3.7	业主单位	张××	
二次机电资料	12	强电专业	CAD/第二版	2022.3.5	2022.3.5	设计院	张××	
	13	弱电专业	CAD/第二版	2022.3.5	2022.3.5	设计院	张××	
	14	给水排水专业	CAD/第二版	2022.3.5	2022.3.5	设计院	张××	
	15	暖通专业	CAD/第二版	2022.3.5	2022.3.7	设计院	张××	
	16	消防专业	CAD/第二版	2022.3.5	2022.3.7	设计院	张××	
	17	智能化专业	CAD/第二版	2022.3.5	2022.3.10	设计院	张××	
其他设计、设备专业资料	18	钢结构专业	CAD/第一版	2022.3.7	2022.3.7	设计院	张××	
	19	灯光专业	CAD/第一版	2022.3.7	2022.3.7	设计院	张××	
	20	声学专业	PDF/第一版	2022.3.7	2022.3.10	设计院	张××	
	21	导视专业	PDF/第一版	2022.3.7	2022.3.10	设计院	张××	
	22	软装专业	PDF/第一版	2022.3.7	2022.3.10	设计院	张××	
	23	艺术品专业	PDF/第一版	2022.3.7	2022.3.10	设计院	张××	
	24	厨房专业	CAD/第一版	2022.3.10	2022.3.14	专业厂家	张××	
	25	电梯专业	CAD/第一版	2022.3.10	2022.3.14	专业厂家	张××	
	26	旋转门专业	CAD/第一版	2022.3.10	2022.3.14	专业厂家	张××	
	27	电子屏幕专业	CAD/第一版	2022.3.10	2022.3.14	专业厂家	张××	
	28	嵌入式设备专业	PDF/第一版	2022.3.10	2022.3.14	专业厂家	张××	

模板

图纸签收记录单（模板）

本表单根据项目具体要求填写图纸资料签收计划，7日内上传深化平台。

负责人：
填写本项目负责人姓名。

类型：
CAD/PDF/JPG/纸质版。

版本：按日期或实际版本填写。

计划签收日期：
项目部根据动态管控表时间要求签收图纸的计划日期。

设计院、专业厂家直接发图纸需要业主单位签字确认版本。

填写实际图纸签收人姓名。

实际图纸签收日期晚于计划日期将影响后续综合天花图深化时间。

其他设备专业资料：
根据项目特点对专业资料进行图纸签收，不涉及专业可以删除。

建筑图：
用于装饰图核对门窗洞口、防火分区、隔墙定位等是否统一；影响现场勘测。

结构图：
用于核对现场建筑标高、主次梁高度；影响现场勘测。

幕墙图：
用于深化窗帘盒、地台、层间防火封堵做法；影响幕墙收口。

一次机电图：
用于核对装饰图纸中疏散指示、安全出口、手报、烟感、喷淋等是否满足规范要求；影响综合点位图。

招标图：
投标报价依据图。

施工蓝图：
现场施工依据。

方案最终效果图：
面层材质 / 空间效果比对，造型细节做法推敲。

物料手册：
主材样式、使用部位、表面处理工艺、规格要求，影响材料送样确认，装饰图核对材料是否漏项。

灯具手册：
灯具规格型号、部位，影响综合点位及天花灯具开孔。

五金手册：
门锁五金影响木饰面下单开孔，卫浴五金龙头出水方式，是否有顶喷影响点位预埋。

洁具手册：
坐便器、台盆给水排水方式及点位预留定位。

图纸签收记录单　　　　SH-02　深化设计管理

1. 本表单于项目进场7日内由深化设计负责人填写图纸签收计划。
2. 本表单适用于项目启动阶段，对项目基础信息、造价、施工周期及深化工作推进有重大影响。务必认真填写。
3. 本表单由项目负责人指定专人负责保存，在进场7日内上传深化平台，记入考核。

图纸签收记录单

项目名称：××项目			工管：第×工管管理公司			负责人：张××		
图纸分类	编号	主要内容	类型/版本	计划签收日期	实际签收日期	发图单位	收件人	备注
建筑资料	01	建筑图	CAD/第三版	2022.3.3	2022.3.3	建筑设计院	张××	
	02	结构图	CAD/第二版	2022.3.3	2022.3.3	建筑设计院	张××	
	03	幕墙图	CAD/第二版	2022.3.3	2022.3.3	建筑设计院	张××	
	04	一次机电图	CAD/第一版	2022.3.3	2022.3.3	建筑设计院	张××	
室内资料	05	招标图CAD电子版	CAD/第一版	2022.3.3	2022.3.2	业主单位	张××	
	06	施工蓝图CAD电子版	CAD/第一版	2022.3.5	2022.3.5	业主单位	张××	
	07	方案最终效果图	JPG/第一版	2022.3.5	2022.3.5	业主单位	张××	
	08	物料手册	PDF/第一版	2022.3.5	2022.3.7	业主单位	张××	
	09	灯具手册	PDF/第一版	2022.3.5	2022.3.7	业主单位	张××	
	10	五金手册	PDF/第一版	2022.3.5	2022.3.7	业主单位	张××	
	11	洁具手册	PDF/第一版	2022.3.5	2022.3.7	业主单位	张××	
二次机电资料	12	强电专业	CAD/第二版	2022.3.5	2022.3.5	设计院	张××	
	13	弱电专业	CAD/第二版	2022.3.5	2022.3.5	设计院	张××	
	14	给水排水专业	CAD/第二版	2022.3.5	2022.3.5	设计院	张××	
	15	暖通专业	CAD/第二版	2022.3.5	2022.3.7	设计院	张××	
	16	消防专业	CAD/第二版	2022.3.5	2022.3.7	设计院	张××	
	17	智能化专业	CAD/第二版	2022.3.5	2022.3.10	设计院	张××	
其他设计、设备专业资料	18	钢结构专业	CAD/第一版	2022.3.7	2022.3.7	设计院	张××	
	19	灯光专业	CAD/第一版	2022.3.7	2022.3.7	设计院	张××	
	20	声学专业	PDF/第一版	2022.3.7	2022.3.10	设计院	张××	
	21	导视专业	PDF/第一版	2022.3.7	2022.3.10	设计院	张××	
	22	软装专业	PDF/第一版	2022.3.7	2022.3.10	设计院	张××	
	23	艺术品专业	PDF/第一版	2022.3.7	2022.3.10	设计院	张××	
	24	厨房专业	CAD/第一版	2022.3.10	2022.3.14	专业厂家	张××	
	25	电梯专业	CAD/第一版	2022.3.10	2022.3.14	专业厂家	张××	
	26	旋转门专业	CAD/第一版	2022.3.10	2022.3.14	专业厂家	张××	
	27	电子屏幕专业	CAD/第一版	2022.3.10	2022.3.14	专业厂家	张××	
	28	嵌入式设备专业	PDF/第一版	2022.3.10	2022.3.14	专业厂家	张××	

模板

图纸签收记录单（模板）

强电、弱电、给水排水专业：
核对强弱电点位数量和上下水点位数量与装饰图纸是否统一，定位以装饰综合点位图为准；影响综合点位定位。

暖通专业：
空调进回风口、排风口、排烟口、新风口位置与风口面积要求，影响综合天花图的标高及点位排布。

消防专业：
手报、声光报、消防栓、疏散指示、安全出口影响平面综合点位排布；烟感，喷淋，影响综合天花点位排布。

智能化专业：
投影仪、投影幕、音响设备、摄像头等影响综合天花点位排布。

钢结构专业：
钢结构图纸与计算书，影响结构安全。

灯光专业：
灯具类型、光束角，影响末端点位定位及开孔。

声学专业：
对隔墙、面层材料、入户门等具体隔声做法要求。

导视专业：
标识标牌位置定位、电源预留位置及安装基层加固要求；影响平面综合点位。

图纸签收记录单 SH-02 深化设计管理

1. 本表单于项目进场7日内由深化设计负责人填写图纸签收计划。
2. 本表单适用于项目启动阶段，对项目基础信息、造价、施工周期及深化工作推进有重大影响。务必认真填写。
3. 本表单由项目负责人指定专人负责保存，在进场7日内上传深化平台，记入考核。

图纸签收记录单

项目名称：××项目			工管：第×工管管理公司			负责人：张××		
图纸分类	编号	主要内容	类型/版本	计划签收日期	实际签收日期	发图单位	收件人	备注
建筑资料	01	建筑图	CAD/第三版	2022.3.3	2022.3.3	建筑设计院	张××	
	02	结构图	CAD/第二版	2022.3.3	2022.3.3	建筑设计院	张××	
	03	幕墙图	CAD/第二版	2022.3.3	2022.3.3	建筑设计院	张××	
	04	一次机电图	CAD/第一版	2022.3.3	2022.3.3	建筑设计院	张××	
室内资料	05	招标图CAD电子版	CAD/第一版	2022.3.3	2022.3.2	业主单位	张××	
	06	施工蓝图CAD电子版	CAD/第一版	2022.3.5	2022.3.5	业主单位	张××	
	07	方案最终效果图	JPG/第一版	2022.3.5	2022.3.5	业主单位	张××	
	08	物料手册	PDF/第一版	2022.3.5	2022.3.7	业主单位	张××	
	09	灯具手册	PDF/第一版	2022.3.5	2022.3.7	业主单位	张××	
	10	五金手册	PDF/第一版	2022.3.5	2022.3.7	业主单位	张××	
	11	洁具手册	PDF/第一版	2022.3.5	2022.3.7	业主单位	张××	
二次机电资料	12	强电专业	CAD/第二版	2022.3.5	2022.3.5	设计院	张××	
	13	弱电专业	CAD/第二版	2022.3.5	2022.3.5	设计院	张××	
	14	给水排水专业	CAD/第二版	2022.3.5	2022.3.5	设计院	张××	
	15	暖通专业	CAD/第二版	2022.3.5	2022.3.7	设计院	张××	
	16	消防专业	CAD/第二版	2022.3.5	2022.3.7	设计院	张××	
	17	智能化专业	CAD/第二版	2022.3.5	2022.3.10	设计院	张××	
其他设计、设备专业资料	18	钢结构专业	CAD/第一版	2022.3.7	2022.3.7	设计院	张××	
	19	灯光专业	CAD/第一版	2022.3.7	2022.3.7	设计院	张××	
	20	声学专业	PDF/第一版	2022.3.7	2022.3.10	设计院	张××	
	21	导视专业	PDF/第一版	2022.3.7	2022.3.10	设计院	张××	
	22	软装专业	PDF/第一版	2022.3.7	2022.3.10	设计院	张××	
	23	艺术品专业	PDF/第一版	2022.3.7	2022.3.10	设计院	张××	
	24	厨房专业	CAD/第一版	2022.3.10	2022.3.14	专业厂家	张××	
	25	电梯专业	CAD/第一版	2022.3.10	2022.3.14	专业厂家	张××	
	26	旋转门专业	CAD/第一版	2022.3.10	2022.3.14	专业厂家	张××	
	27	电子屏幕专业	CAD/第一版	2022.3.10	2022.3.14	专业厂家	张××	
	28	嵌入式设备专业	PDF/第一版	2022.3.10	2022.3.14	专业厂家	张××	

模板

图纸签收记录单（模板）

图纸签收记录单　　SH-02　深化设计管理

1. 本表单于项目进场7日内由深化设计负责人填写图纸签收计划。
2. 本表单适用于项目启动阶段，对项目基础信息、造价、施工周期及深化工作推进有重大影响。务必认真填写。
3. 本表单由项目负责人指定专人负责保存，在进场7日内上传深化平台，记入考核。

图纸签收记录单

项目名称：××项目			工管：第×工管管理公司			负责人：张××		
图纸分类	编号	主要内容	类型/版本	计划签收日期	实际签收日期	发图单位	收件人	备注
建筑资料	01	建筑图	CAD/第三版	2022.3.3	2022.3.3	建筑设计院	张××	
	02	结构图	CAD/第二版	2022.3.3	2022.3.3	建筑设计院	张××	
	03	幕墙图	CAD/第二版	2022.3.3	2022.3.3	建筑设计院	张××	
	04	一次机电图	CAD/第一版	2022.3.3	2022.3.3	建筑设计院	张××	
室内资料	05	招标图CAD电子版	CAD/第一版	2022.3.3	2022.3.2	业主单位	张××	
	06	施工蓝图CAD电子版	CAD/第一版	2022.3.5	2022.3.5	业主单位	张××	
	07	方案最终效果图	JPG/第一版	2022.3.5	2022.3.5	业主单位	张××	
	08	物料手册	PDF/第一版	2022.3.5	2022.3.7	业主单位	张××	
	09	灯具手册	PDF/第一版	2022.3.5	2022.3.7	业主单位	张××	
	10	五金手册	PDF/第一版	2022.3.5	2022.3.7	业主单位	张××	
	11	洁具手册	PDF/第一版	2022.3.5	2022.3.7	业主单位	张××	
二次机电资料	12	强电专业	CAD/第二版	2022.3.5	2022.3.5	设计院	张××	
	13	弱电专业	CAD/第二版	2022.3.5	2022.3.5	设计院	张××	
	14	给水排水专业	CAD/第二版	2022.3.5	2022.3.5	设计院	张××	
	15	暖通专业	CAD/第二版	2022.3.5	2022.3.7	设计院	张××	
	16	消防专业	CAD/第二版	2022.3.5	2022.3.7	设计院	张××	
	17	智能化专业	CAD/第二版	2022.3.5	2022.3.10	设计院	张××	
其他设计、设备专业资料	18	钢结构专业	CAD/第一版	2022.3.7	2022.3.7	设计院	张××	
	19	灯光专业	CAD/第一版	2022.3.7	2022.3.7	设计院	张××	
	20	声学专业	PDF/第一版	2022.3.7	2022.3.10	设计院	张××	
	21	导视专业	PDF/第一版	2022.3.7	2022.3.10	设计院	张××	
	22	软装专业	PDF/第一版	2022.3.7	2022.3.10	设计院	张××	
	23	艺术品专业	PDF/第一版	2022.3.7	2022.3.10	设计院	张××	
	24	厨房专业	CAD/第一版	2022.3.10	2022.3.14	专业厂家	张××	
	25	电梯专业	CAD/第一版	2022.3.10	2022.3.14	专业厂家	张××	
	26	旋转门专业	CAD/第一版	2022.3.10	2022.3.14	专业厂家	张××	
	27	电子屏幕专业	CAD/第一版	2022.3.10	2022.3.14	专业厂家	张××	
	28	嵌入式设备专业	PDF/第一版	2022.3.10	2022.3.14	专业厂家	张××	

模板

图纸签收记录单（模板）

软装专业：
核对家具平面尺寸是否满足功能使用，是否影响电源点位预留。

艺术品专业：
影响灯光点位定位及墙面基层加固要求。

厨房专业：
设备电源点位定位、给水排水点位定位、墙体加固要求，影响平面综合点位。

电梯专业：
轿厢尺寸、梯控、检修方式，装修配重，影响装修面层材料及面板开孔。

旋转门专业：
旋转门形式、尺寸、电源、安装要求，影响入口处地面排板与收口做法，门头收口、点位预留要求。

电子屏幕专业：
屏幕尺寸、电源、安装要求，影响墙面排板及收口。

嵌入设备专业：
设备尺寸、电源、安装方式，影响墙面加固及收口。

2.1.2 资料核查

1）图纸会审记录单

深化设计进场，资料签收后，首先结合现场勘测，对图纸、物料手册等资料提出相关问题及合理化建议，形成本表清单。然后发给业主，由业主组织图纸会审会议，针对表单中产生的问题，深化并记录并回复意见，作为下一步深化方向的重要指导依据。要注意，问题回复的时效性将会影响现场图纸的深化进度。

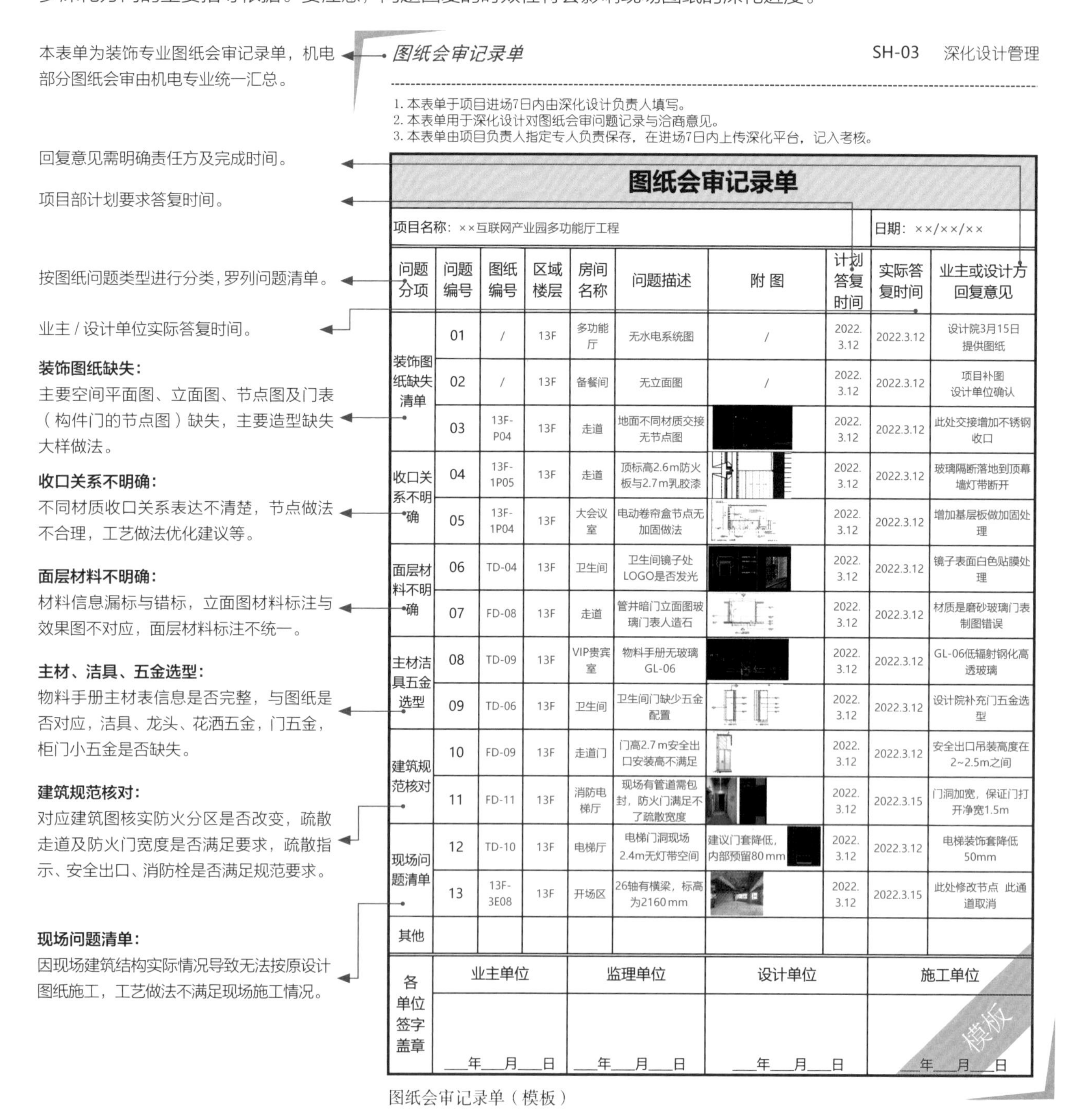

图纸会审记录单　　SH-03　深化设计管理

1. 本表单于项目进场7日内由深化设计负责人填写。
2. 本表单用于深化设计对图纸会审问题记录与洽商意见。
3. 本表单由项目负责人指定专人负责保存，在进场7日内上传深化平台，记入考核。

图纸会审记录单

项目名称：××互联网产业园多功能厅工程　　日期：××/××/××

问题分项	问题编号	图纸编号	区域楼层	房间名称	问题描述	附图	计划答复时间	实际答复时间	业主或设计方回复意见
装饰图纸缺失清单	01	/	13F	多功能厅	无水电系统图	/	2022.3.12	2022.3.12	设计院3月15日提供图纸
	02	/	13F	备餐间	无立面图	/	2022.3.12	2022.3.12	项目补图 设计单位确认
	03	13F-P04	13F	走道	地面不同材质交接无节点图		2022.3.12	2022.3.12	此处交接增加不锈钢收口
收口关系不明确	04	13F-1P05	13F	走道	顶标高2.6m防火板与2.7m乳胶漆		2022.3.12	2022.3.12	玻璃隔断落地到顶幕墙灯带断开
	05	13F-1P04	13F	大会议室	电动卷帘盒节点无加固做法		2022.3.12	2022.3.12	增加基层板做加固处理
面层材料不明确	06	TD-04	13F	卫生间	卫生间镜子处LOGO是否发光		2022.3.12	2022.3.12	镜子表面白色贴膜处理
	07	FD-08	13F	走道	管井暗门立面图玻璃门表人造石		2022.3.12	2022.3.12	材质是磨砂玻璃门表制图错误
主材洁具五金选型	08	TD-09	13F	VIP贵宾室	物料手册无玻璃GL-06		2022.3.12	2022.3.12	GL-06低辐射钢化高透玻璃
	09	TD-06	13F	卫生间	卫生间门缺少五金配置		2022.3.12	2022.3.12	设计院补充门五金选型
建筑规范核对	10	FD-09	13F	走道门	门高2.7m安全出口安装高不满足		2022.3.12	2022.3.12	安全出口吊装高度在2~2.5m之间
	11	FD-11	13F	消防电梯厅	现场有管道需包封，防火门满足不了疏散宽度		2022.3.12	2022.3.15	门洞加宽，保证门打开净宽1.5m
现场问题清单	12	TD-10	13F	电梯厅	电梯门洞现场2.4m无灯带空间	建议门套降低，内部预留80 mm	2022.3.12	2022.3.12	电梯装饰套降低50mm
	13	13F-3E08	13F	开场区	26轴有横梁，标高为2160 mm		2022.3.12	2022.3.15	此处修改节点 此通道取消
其他									

各单位签字盖章	业主单位	监理单位	设计单位	施工单位
	___年___月___日	___年___月___日	___年___月___日	___年___月___日

图纸会审记录单（模板）

注：1. 可增加“其他”选项，如设计方案、功能、工艺、安装等合理化建议。
2. 对于问题的描述，尽量做到简洁、准确；对于问题项，尽量配以截图或现场照片，表达更加直观；实际答复时间晚于计划答复时间，将影响后续深化进度，需与业主沟通协商，对深化周期给予相应顺延。

2）图纸核查

首先熟悉图纸，根据平面索引逐个查看立面图纸，不同材质用彩色笔标记在平面图上，未标记颜色区域整理成装饰图纸缺失清单。同时检查面层材质是否缺失，以便直观看出每种材料在房间的分布情况。可以整理并归类占主要部分材料的种类，以便后期对重点材料管控。

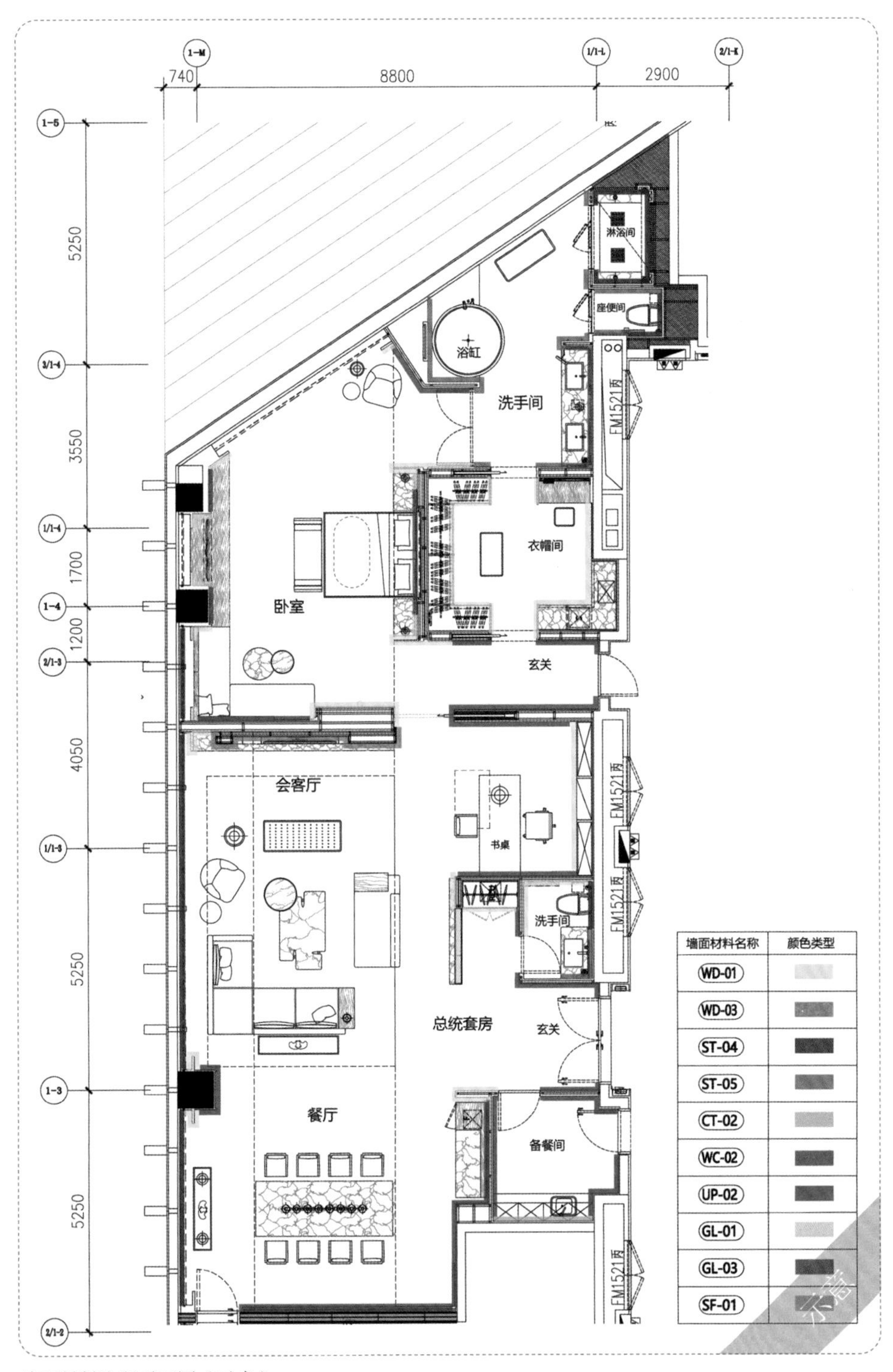

墙面材料注释平面图（示意）

实践要点

1. 根据平面索引逐个查看立面图纸。

2. 用彩笔对应不同面层材质绘制平面彩图。

3. 未标记颜色区域表示此处立面缺失。

4. 标记的同时检查面层材质是否明确。

接下来，根据立面图在效果图上标记主材信息，检查不同材质收口关系及物料手册是否缺失材料。

主材信息注释效果图（示意）

实践要点

拿到主要空间效果图时，不仅能直观看出空间效果，还可以根据立面图，在效果图上标记主材信息，快速检查不同材质收口关系及相关节点收口是否缺失，同时检查效果图上出现的主材信息与物料手册是否统一。通过在效果图标记材料信息，可以快速熟悉造型、主材信息、收口关系等内容，以便为后期资料翻查提供准确信息。

然后，根据洁具手册、五金手册与装饰图纸核查选型是否相符。

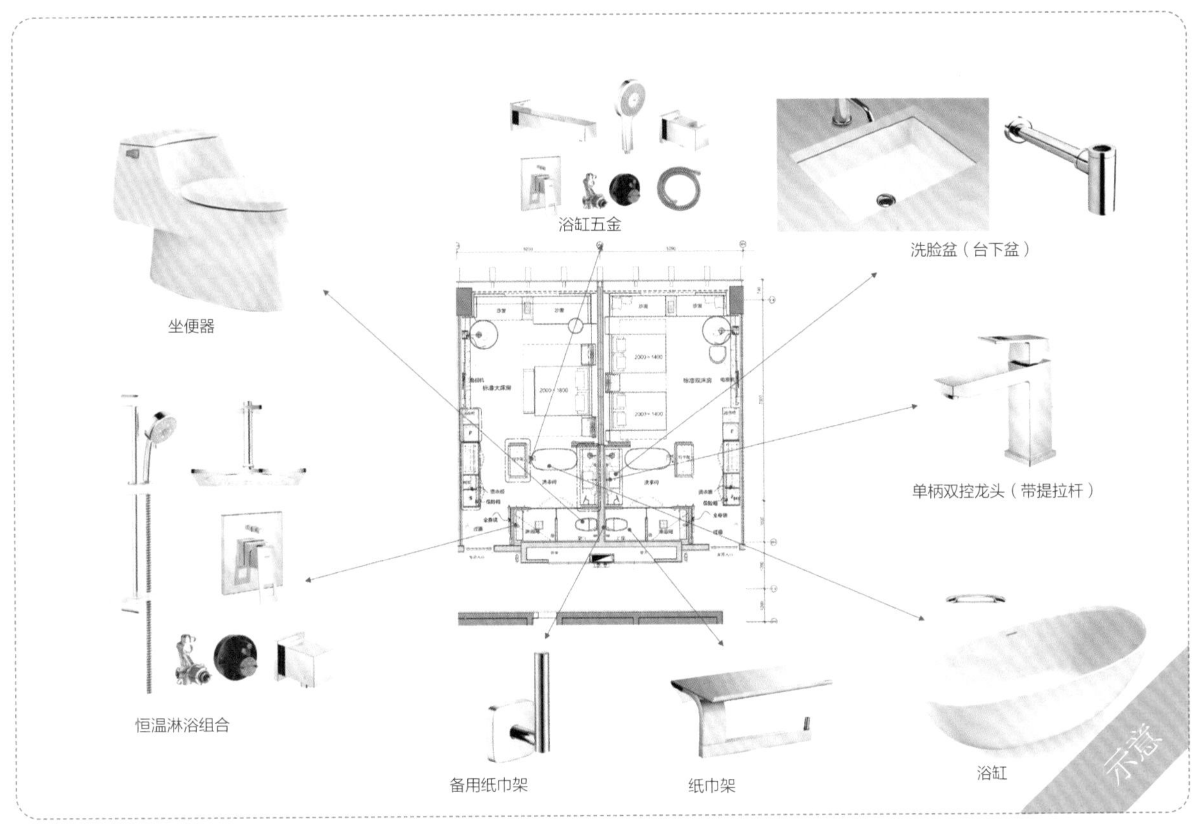

洁具五金索引图（示意）（形式以设计提供为准）

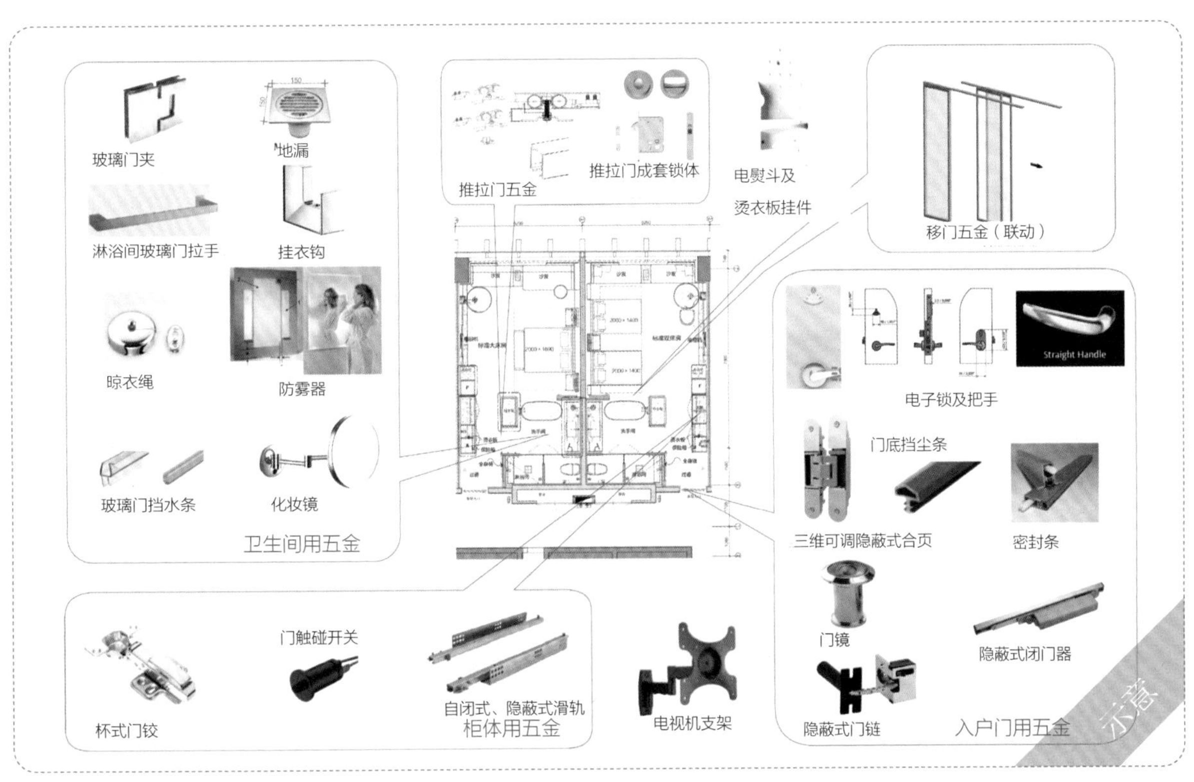

门五金索引图（示意）（形式以设计提供为准）

设计单位：刘波设计顾问（香港）有限公司　项目名称：浙江金华万豪酒店项目

最后，根据灯具手册、开关面板手册与装饰图纸核查造型是否相符。

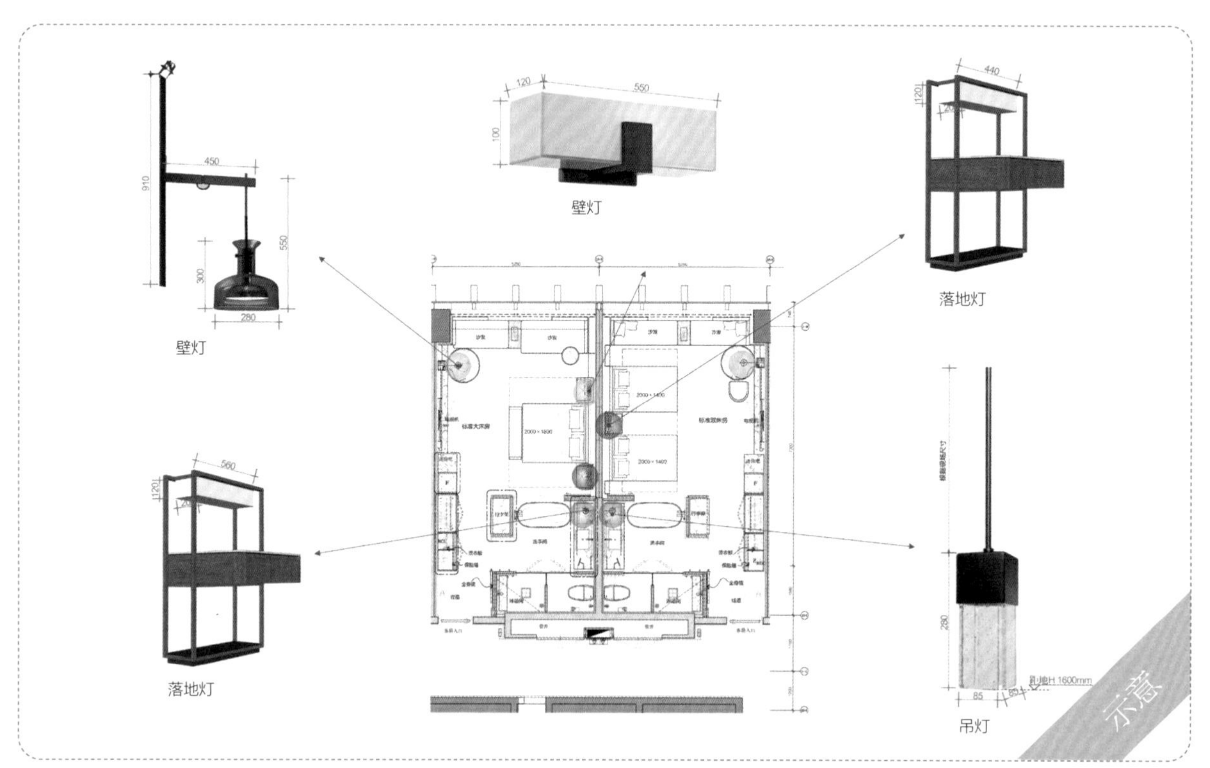

灯具索引图（示意）（形式以设计提供为准）

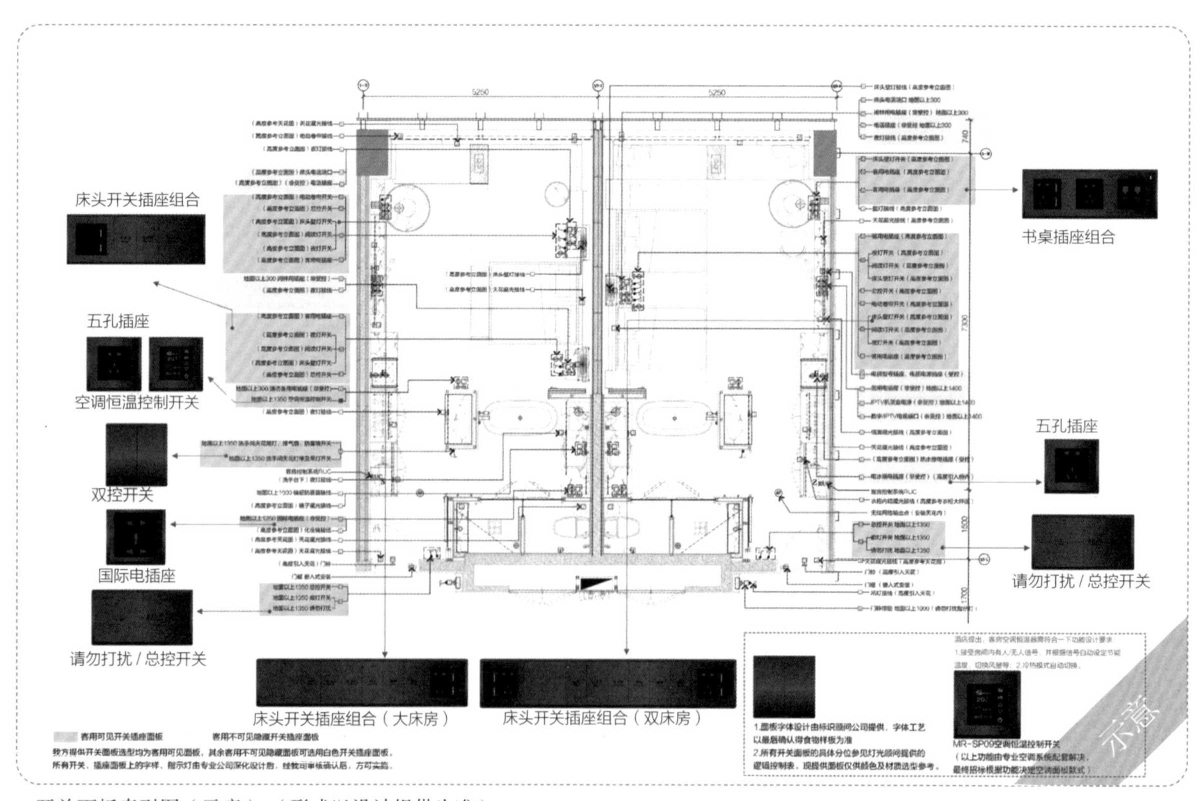

开关面板索引图（示意）（形式以设计提供为准）

设计单位：刘波设计顾问（香港）有限公司　项目名称：浙江金华万豪酒店项目

3）建筑规范核对

首先，建筑消防规范和装饰设计标准及强制性规范需仔细落实，核查使用是否存在安全隐患。

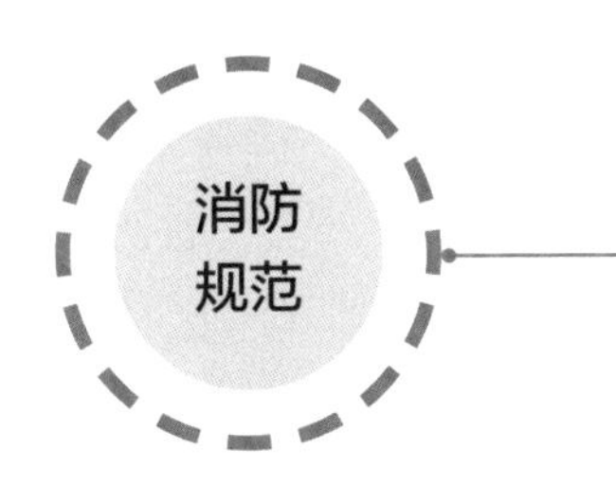

1. 防火分区是否修改。
2. 疏散门净宽是否满足。
3. 疏散走道宽度是否满足。
4. 安全出口、疏散指示、应急照明、消防栓、喷淋系统是否缺失。

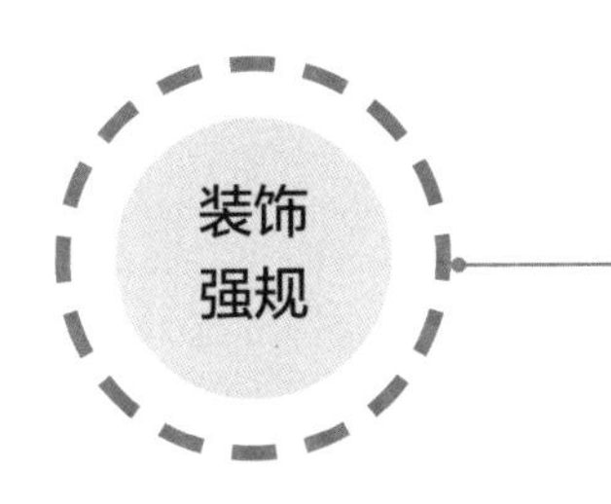

1. 装饰材料防火等级。
2. 吊顶转换层、反支撑。
3. 顶面每隔 12 m 设置伸缩缝，地面每隔 12 ~ 15 m 设置伸缩缝。
4. 原结构变形缝处必须留有结构伸缩缝。

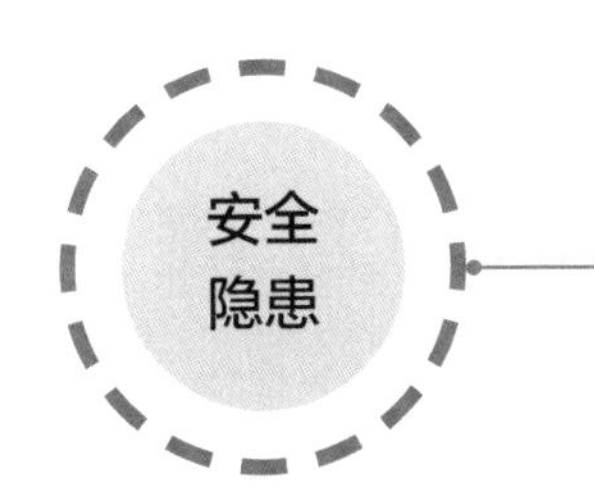

1. 厚度超 6 mm 的玻璃是否标记安全钢化玻璃。
2. 超高石材是否背栓干挂，顶面建议采用蜂窝石材干挂。
3. 门高超过 3 m 或重量大于 100 kg 时，上部必须设置防倒链。

然后，与原建筑图纸核对建筑防火分区、疏散指示、安全出口、消防栓、喷淋等是否相符。

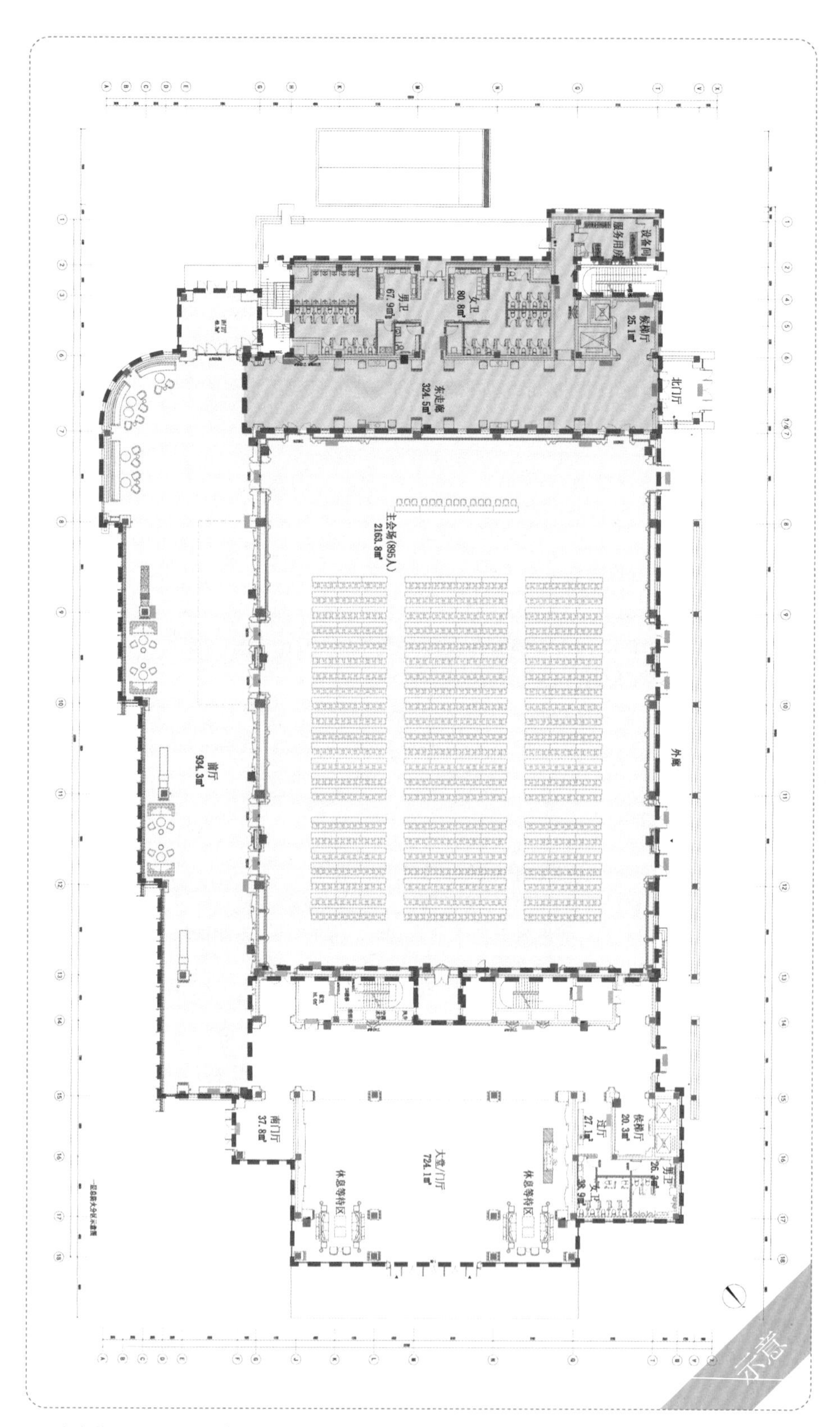

实践要点

1. 检查防火分区是否与建筑图纸一致，重点查看防火分区中隔墙及门做法。

2. 查看装饰图纸安全出口、疏散指示、烟感、喷淋系统、消防栓、手报、声报是否缺失。

 安全栓

 出口防火

消防分区

防火分区平面图（示意）

2.1.3　现场勘测

1）现场问题清单

核对消防卷帘轨道收口，现场机电管线、结构梁标高是否影响综合天花高度，现场幕墙收口是否与图纸相符，消防栓是否影响装饰完成面尺寸。

防火卷帘轨道无法安装，洞口侧面需砌筑墙体

现场管线影响天花高度

现场大梁影响天花高度

现场幕墙收口是否与图纸相符

消防栓无法暗藏，影响完成面尺寸

2）现场勘测问题记录单

现场勘测是深化设计师取得一手数据的必要途径。通过对现场原始结构、机电、消防、暖通等专业的现场情况与图纸进行核实对比，对现场问题及主要尺寸偏差形成记录，最终形成现场勘测问题记录单，为下一步的深化工作做好数据支撑。

本表单针对现场有问题的内容进行记录，没什么影响的、问题较小的拍照放照片即可。

现场勘测问题记录单 SH-04 深化设计管理

1. 本表单于项目进场14日内由深化设计负责人填写。
2. 本表单适用于项目进场对现场勘测，记录相关问题与现场情况。
3. 本表单由项目负责人指定专人负责保存，在进场14日内上传深化平台，记入考核。

本表单在进场后查看建筑图纸、结构图纸及精装图纸，核对其是否有偏差。核对机电、消防、暖通等各专业图纸及现场勘测问题，并核对记录。14 日内上传至深化平台，记入考核。

现场勘测问题记录单

项目名称：×××项目　工管：第×工管管理公司　负责人：李××　日期：××/××/××

分项名称	编号	区域楼层	房间名称	图纸尺寸（mm）	实际尺寸（mm）	现场照片	备注
柱网尺寸	01	A1	大堂	8轴交E-1轴与E轴之间6000	5920		E-1轴交8轴柱子中心偏移80mm
	02	A1	楼上所在柱体房间	6000	5920		柱体自身尺寸核对大小偏差在±10mm
结构标高（主次梁）	03	A1	308	E轴交8轴、9轴间，梁低3300	3000，其他次梁高度3290		只有这一层308房此梁降低
门洞尺寸	04	A1	308	3000×900×200	2800×950×200		现场二次结构可拆改
土建预留管道点位	05	A1	208	高3500	3400		排水管在管井内，外出墙接口高度
	06	A1	208	高3700	3650		给水同上
窗边与室内收口关系	07	A1	208	高300×深200	现场未做幕墙框		与幕墙单位沟通施工时间
	08	A1	508	装饰面高300×深200	基础表面尺寸高360×深150		高度影响装饰地台高
主要空间尺寸	09	A1	2F过道	宽度1950	1850		基层尺寸
	10	A1	大堂	20000×10000	20050×9900		基层尺寸
其他							

模板

现场实际尺寸与图纸尺寸偏差超过 50 mm 时需做尺寸记录。

柱网尺寸包括柱体长宽、现场柱体与轴线偏差。

分区域的主次梁标高影响天花装饰完成面高度的（过道及电梯厅等管道集中的地方位置）应着重勘测。

现场土建门洞尺寸，若现场没有问题，拍摄照片。

给水排水管、采暖管、排烟管、通风管等接驳口位置与空调管道等高度测量（可能影响到天花标高的，常规都在卫生间及周边区域）。

幕墙、土建窗主要勘测其是否影响隔墙、窗台、窗帘盒基层做法及面层收口方式。

指的是特殊造型区域，如过道、电梯厅、接待厅、大堂、特色区、异型区、有挑空区域的长宽。

现场勘测问题记录单（模板）

注：按分类填写图纸与现场偏差问题，偏差在 50 mm 以内的放现场照片即可。

在建筑图上规划主要空间，确定重点空间功能布局，勘测现场主要空间尺寸。重点记录设计方案与现场存在的偏差问题。需要设定好拍摄角度，记录现场原始资料。

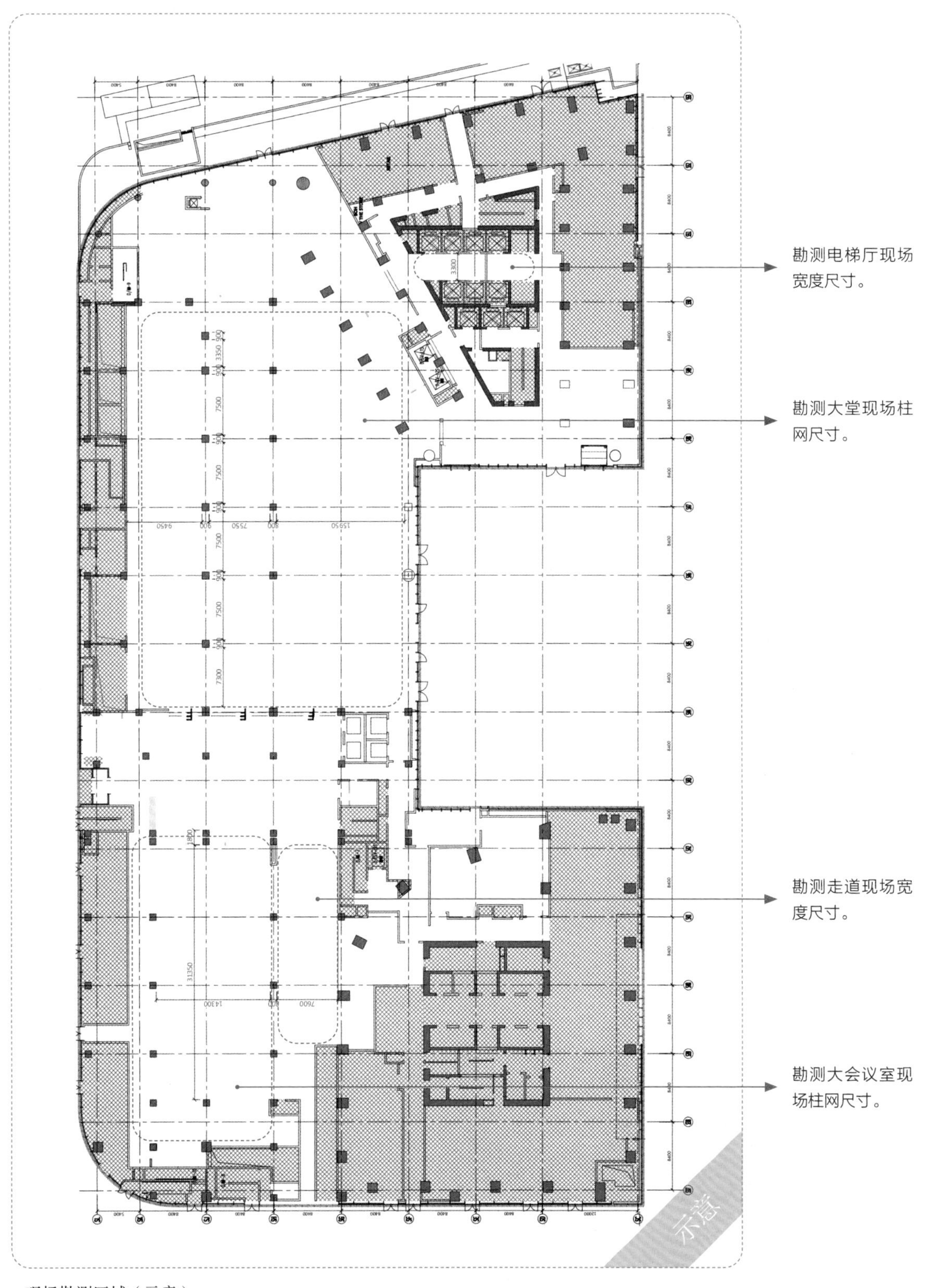

现场勘测区域（示意）

勘测柱网尺寸、结构标高（主次梁）、土建预留管道点位标高尺寸，核对主要空间天花造型现场是否满足要求，重点关注大堂、宴会厅、挑空区等空间。

勘测现场建筑主梁、次梁高度

勘测现场风管标高

勘测现场消防主管标高

核实建筑门洞尺寸是否通高设计，关注幕墙处防火封堵、窗帘盒结构处理，地台做法，勘测主要空间尺寸，偏差超 50 mm 的需做尺寸记录。

勘测建筑门洞尺寸

勘测幕墙与室内结构关系

勘测现场主要空间尺寸

2.1.4 动态管控

深化工作量大、周期长，需有两三人合作完成深化项目。前期深化项目负责人需对工作量策划、人员安排策划、深化图纸时间计划进行任务分解，形成本项目动态管控表，匹配项目整体施工进度计划。深化动态管控表贯穿项目全周期，是项目各阶段完成时间的依据，是现场深化设计工作量化的工具。

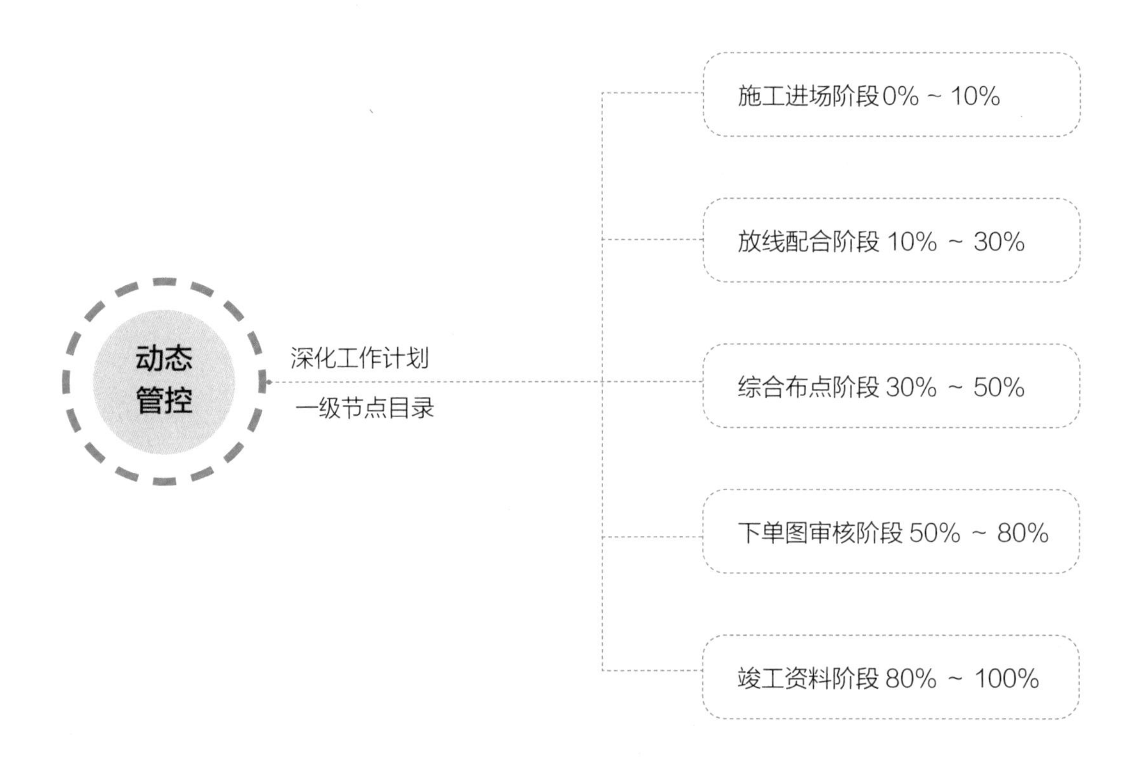

深化动态管控表的一级节点时间调整需要项目经理确认，二级节点时间调整需要深化经理确认，其余根据项目实际情况进行调整。

总体规划 → 1
一级节点 → 1.1
二级节点 → 1.1.1～1.1.4

序号	深化进度	任务名称	负责人	工期	开始时间	完成时间	前置任务	里程碑
1	0%	项目-深化动态管控表	项目负责人	60 个工作日	22/4/24	22/6/22		否
1.1	0%	施工进场阶段0%~10%	负责人	6 个工作日	22/4/24	22/4/29		否
1.1.1	0%	基础资料签收	负责人	2 个工作日	22/4/24	22/4/25		否
1.1.2	0%	资料核查	负责人	4 个工作日	22/4/26	22/4/29		否
1.1.3	0%	现场勘测	负责人	4 个工作日	22/4/26	22/4/29		否
1.1.4	0%	深化动态管控表	负责人	2 个工作日	22/4/26	22/4/27	4	否
1.2	0%	放线配合阶段10%~30%	负责人	18 个工作日	22/4/30	22/5/17		否
1.2.1	0%	基层做法清单	负责人	2 个工作日	22/4/30	22/5/1		否
1.2.2	0%	放线定位图（质检）	负责人	9 个工作日	22/5/2	22/5/10		是
1.2.3	0%	复尺收线	负责人	2 个工作日	22/5/11	22/5/12		否
1.2.4	0%	按现场调整母图	负责人	5 个工作日	22/5/13	22/5/17		否
1.3	0%	综合布点阶段30%~50%	负责人	28 个工作日	22/4/26	22/5/23		否
1.3.1	0%	布点准备	负责人	1 个工作日	22/4/26	22/4/26		否
1.3.2	0%	综合天花图（质检）	负责人	5 个工作日	22/5/18	22/5/22		是
1.3.3	0%	平面综合点位图	负责人	2 个工作日	22/5/18	22/5/19		否
1.3.4	0%	主龙骨及钢架排布	负责人	1 个工作日	22/5/23	22/5/23		否
1.4	0%	下单图审阶段50%~80%	负责人	19 个工作日	22/5/24	22/6/11		否
1.4.1	0%	面层收口节点核查	负责人	1 个工作日	22/5/24	22/5/24	45	否
1.4.2	0%	排板策划	负责人	5 个工作日	22/5/25	22/5/29		否
1.4.3	0%	排板原则图绘制	负责人	7 个工作日	22/5/25	22/5/31		否
1.4.4	0%	厂家技术交底	负责人	1 个工作日	22/6/1	22/6/1		否
1.4.5	0%	下单图审核确认	负责人	10 个工作日	22/6/2	22/6/11		是
1.5	0%	竣工资料阶段80%~100%	负责人	11 个工作日	22/6/12	22/6/22		否
1.5.1	0%	竣工母图现场勘测	负责人	3 个工作日	22/6/12	22/6/14		否
1.5.2	0%	竣工母图整理（质检）	负责人	2 个工作日	22/6/15	22/6/16		否
1.5.3	0%	设计洽商变更汇总	负责人	2 个工作日	22/6/17	22/6/18		否
1.5.4	0%	项目竣工总结	负责人	4 个工作日	22/6/19	22/6/22		否

模板

深化动态管控表（模板）

深化动态管控表中的所有计划均为自动计划，进度、负责人、工期按实填写，“前置任务”按工作任务结构划分并进行关联，红色区域时间需根据“里程碑”节点进行排布，黄色区域供项目负责人填写调整。此表是深化负责人把控项目节奏与进度的重要工具。

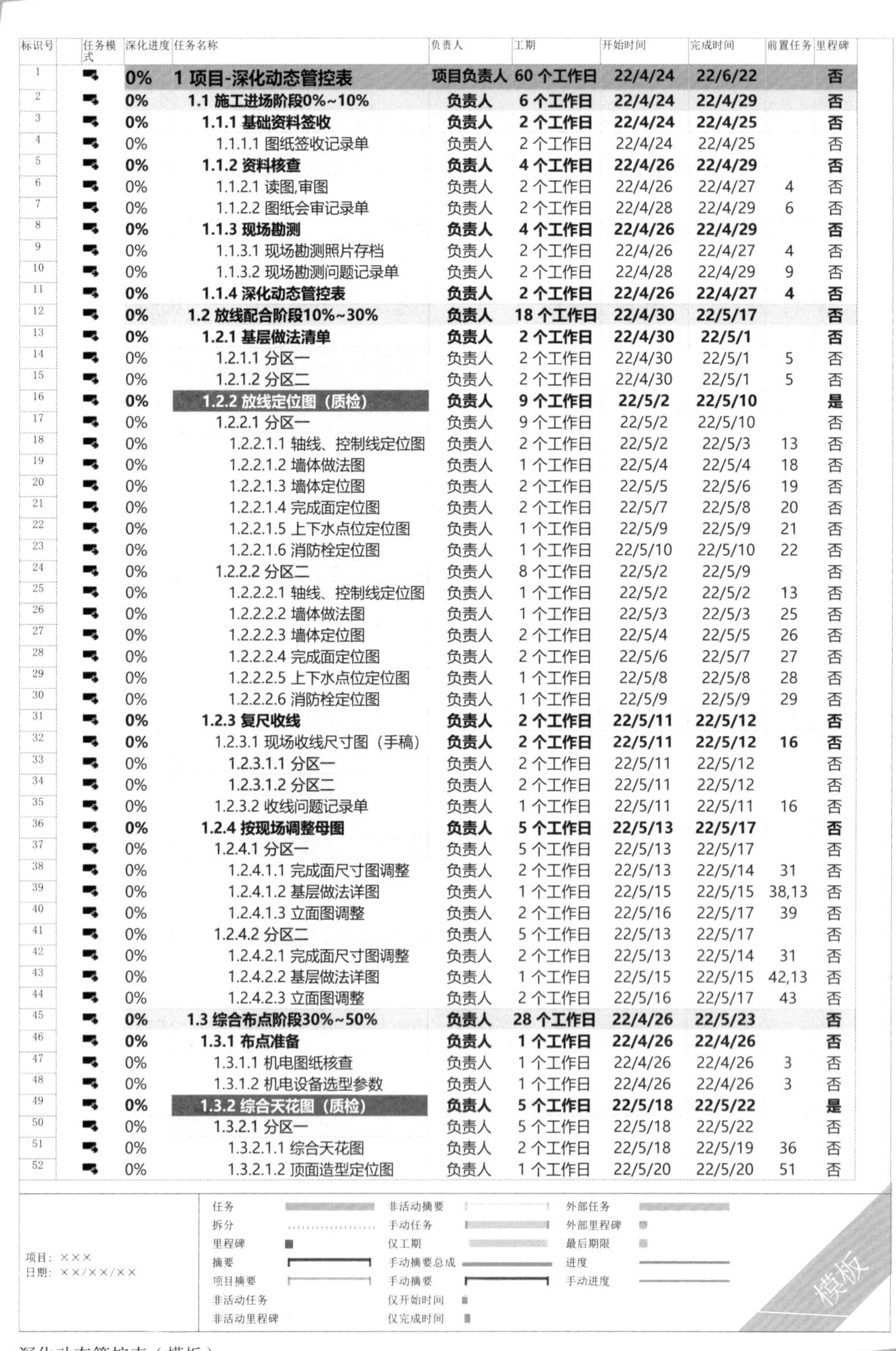

标识号	任务模式	深化进度	任务名称	负责人	工期	开始时间	完成时间	前置任务	里程碑
1		0%	1 项目-深化动态管控表	项目负责人	60 个工作日	22/4/24	22/6/22		否
2		0%	1.1 施工进场阶段0%~10%	负责人	6 个工作日	22/4/24	22/4/29		否
3		0%	1.1.1 基础资料签收	负责人	2 个工作日	22/4/24	22/4/25		否
4		0%	1.1.1.1 图纸签收记录单	负责人	2 个工作日	22/4/24	22/4/25		否
5		0%	1.1.2 资料核查	负责人	4 个工作日	22/4/26	22/4/29		否
6		0%	1.1.2.1 读图,审图	负责人	2 个工作日	22/4/26	22/4/27	4	否
7		0%	1.1.2.2 图纸会审记录单	负责人	2 个工作日	22/4/28	22/4/29	6	否
8		0%	1.1.3 现场勘测	负责人	4 个工作日	22/4/26	22/4/29		否
9		0%	1.1.3.1 现场勘测照片存档	负责人	2 个工作日	22/4/26	22/4/27	4	否
10		0%	1.1.3.2 现场勘测问题记录单	负责人	2 个工作日	22/4/28	22/4/29	9	否
11		0%	1.1.4 深化动态管控表	负责人	2 个工作日	22/4/26	22/4/27	4	否
12		0%	1.2 放线配合阶段10%~30%	负责人	18 个工作日	22/4/30	22/5/17		否
13		0%	1.2.1 基层做法清单	负责人	2 个工作日	22/4/30	22/5/1		否
14		0%	1.2.1.1 分区一	负责人	2 个工作日	22/4/30	22/5/1	5	否
15		0%	1.2.1.2 分区二	负责人	2 个工作日	22/4/30	22/5/1	5	否
16		0%	1.2.2 放线定位图（质检）	负责人	9 个工作日	22/5/2	22/5/10		是
17		0%	1.2.2.1 分区一	负责人	9 个工作日	22/5/2	22/5/10		否
18		0%	1.2.2.1.1 轴线、控制线定位图	负责人	2 个工作日	22/5/2	22/5/3	13	否
19		0%	1.2.2.1.2 墙体做法图	负责人	1 个工作日	22/5/4	22/5/4	18	否
20		0%	1.2.2.1.3 墙体定位图	负责人	2 个工作日	22/5/5	22/5/6	19	否
21		0%	1.2.2.1.4 完成面定位图	负责人	2 个工作日	22/5/7	22/5/8	20	否
22		0%	1.2.2.1.5 上下水点位定位图	负责人	1 个工作日	22/5/9	22/5/9	21	否
23		0%	1.2.2.1.6 消防栓定位图	负责人	1 个工作日	22/5/10	22/5/10	22	否
24		0%	1.2.2.2 分区二	负责人	8 个工作日	22/5/2	22/5/9		否
25		0%	1.2.2.2.1 轴线、控制线定位图	负责人	1 个工作日	22/5/2	22/5/2	13	否
26		0%	1.2.2.2.2 墙体做法图	负责人	1 个工作日	22/5/3	22/5/3	25	否
27		0%	1.2.2.2.3 墙体定位图	负责人	2 个工作日	22/5/4	22/5/5	26	否
28		0%	1.2.2.2.4 完成面定位图	负责人	2 个工作日	22/5/6	22/5/7	27	否
29		0%	1.2.2.2.5 上下水点位定位图	负责人	1 个工作日	22/5/8	22/5/8	28	否
30		0%	1.2.2.2.6 消防栓定位图	负责人	1 个工作日	22/5/9	22/5/9	29	否
31		0%	1.2.3 复尺收线	负责人	2 个工作日	22/5/11	22/5/12		否
32		0%	1.2.3.1 现场收线尺寸图（手稿）	负责人	2 个工作日	22/5/11	22/5/12	16	否
33		0%	1.2.3.1.1 分区一	负责人	2 个工作日	22/5/11	22/5/12		否
34		0%	1.2.3.1.2 分区二	负责人	2 个工作日	22/5/11	22/5/12		否
35		0%	1.2.3.2 收线问题记录单	负责人	1 个工作日	22/5/11	22/5/11	16	否
36		0%	1.2.4 按现场调整母图	负责人	5 个工作日	22/5/13	22/5/17		否
37		0%	1.2.4.1 分区一	负责人	5 个工作日	22/5/13	22/5/17		否
38		0%	1.2.4.1.1 完成面尺寸图调整	负责人	2 个工作日	22/5/13	22/5/14	31	否
39		0%	1.2.4.1.2 基层做法详图	负责人	1 个工作日	22/5/15	22/5/15	38,13	否
40		0%	1.2.4.1.3 立面图调整	负责人	2 个工作日	22/5/16	22/5/17	39	否
41		0%	1.2.4.2 分区二	负责人	5 个工作日	22/5/13	22/5/17		否
42		0%	1.2.4.2.1 完成面尺寸图调整	负责人	2 个工作日	22/5/13	22/5/14	31	否
43		0%	1.2.4.2.2 基层做法详图	负责人	1 个工作日	22/5/15	22/5/15	42,13	否
44		0%	1.2.4.2.3 立面图调整	负责人	2 个工作日	22/5/16	22/5/17	43	否
45		0%	1.3 综合布点阶段30%~50%	负责人	28 个工作日	22/4/26	22/5/23		否
46		0%	1.3.1 布点准备	负责人	1 个工作日	22/4/26	22/4/26		否
47		0%	1.3.1.1 机电图纸核查	负责人	1 个工作日	22/4/26	22/4/26	3	否
48		0%	1.3.1.2 机电设备选型参数	负责人	1 个工作日	22/4/26	22/4/26	3	否
49		0%	1.3.2 综合天花图（质检）	负责人	5 个工作日	22/5/18	22/5/22		是
50		0%	1.3.2.1 分区一	负责人	5 个工作日	22/5/18	22/5/22		否
51		0%	1.3.2.1.1 综合天花图	负责人	2 个工作日	22/5/18	22/5/19	36	否
52		0%	1.3.2.1.2 顶面造型定位图	负责人	1 个工作日	22/5/20	22/5/20	51	否

深化动态管控表（模板）

标识号	任务模式	深化进度	任务名称	负责人	工期	开始时间	完成时间	前置任务	里程碑
53		0%	1.3.2.1.3 顶面灯具定位图	负责人	1 个工作日	22/5/21	22/5/21	52	否
54		0%	1.3.2.1.4 顶面机电点位定位图	负责人	1 个工作日	22/5/22	22/5/22	53	否
55		0%	1.3.2.2 分区二	负责人	5 个工作日	22/5/18	22/5/22		否
56		0%	1.3.2.2.1 综合天花图	负责人	2 个工作日	22/5/18	22/5/19	36	否
57		0%	1.3.2.2.2 顶面造型定位图	负责人	1 个工作日	22/5/20	22/5/20	56	否
58		0%	1.3.2.2.3 顶面灯具定位图	负责人	1 个工作日	22/5/21	22/5/21	57	否
59		0%	1.3.2.2.4 顶面机电点位定位图	负责人	1 个工作日	22/5/22	22/5/22	58	否
60		**0%**	**1.3.3 平面综合点位图**	**负责人**	**2 个工作日**	**22/5/18**	**22/5/19**		**否**
61		0%	1.3.3.1 分区一	负责人	2 个工作日	22/5/18	22/5/19		否
62		0%	1.3.3.1.1 综合机电末端定位图	负责人	2 个工作日	22/5/18	22/5/19	36	否
63		0%	1.3.3.2 分区二	负责人	2 个工作日	22/5/18	22/5/19		否
64		0%	1.3.3.2.1 综合机电末端定位图	负责人	2 个工作日	22/5/18	22/5/19	36	否
65		**0%**	**1.3.4 主龙骨及钢架排布**	**负责人**	**1 个工作日**	**22/5/23**	**22/5/23**		**否**
66		0%	1.3.4.1 主龙骨排布区域一	负责人	1 个工作日	22/5/23	22/5/23	49	否
67		0%	1.3.4.2 主龙骨排布区域二	负责人	1 个工作日	22/5/23	22/5/23	49	否
68		**0%**	**1.4 下单图审阶段50%~80%**	**负责人**	**19 个工作日**	**22/5/24**	**22/6/11**		**否**
69		**0%**	**1.4.1 面层收口节点核查**	**负责人**	**1 个工作日**	**22/5/24**	**22/5/24**	**45**	**否**
70		**0%**	**1.4.2 排板策划**	**负责人**	**5 个工作日**	**22/5/25**	**22/5/29**		**否**
71		0%	1.4.2.1 排板策划会议纪要	负责人	1 个工作日	22/5/25	22/5/25	69	否
72		0%	1.4.2.2 石材	负责人	1 个工作日	22/5/26	22/5/26	71	否
73		0%	1.4.2.3 木饰面	负责人	1 个工作日	22/5/27	22/5/27	72	否
74		0%	1.4.2.4 瓷砖	负责人	1 个工作日	22/5/28	22/5/28	73	否
75		0%	1.4.2.5 其他（根据项目自行添加）	负责人	1 个工作日	22/5/29	22/5/29	74	否
76		**0%**	**1.4.3 排板原则图绘制**	**负责人**	**7 个工作日**	**22/5/25**	**22/5/31**		**否**
77		0%	1.4.3.1 石材排板图	负责人	2 个工作日	22/5/25	22/5/26	69	否
78		0%	1.4.3.2 木饰面排板图	负责人	2 个工作日	22/5/27	22/5/28	77	否
79		0%	1.4.3.3 瓷砖排板图	负责人	2 个工作日	22/5/29	22/5/30	78	否
80		0%	1.4.3.4 其他（根据项目自行添加）	负责人	1 个工作日	22/5/31	22/5/31	79	否
81		**0%**	**1.4.4 厂家技术交底**	**负责人**	**1 个工作日**	**22/6/1**	**22/6/1**		**否**
82		0%	1.4.4.1 技术交底记录单	负责人	1 个工作日	22/6/1	22/6/1	76	否
83		**0%**	**1.4.5 下单图审核确认**	**负责人**	**10 个工作日**	**22/6/2**	**22/6/11**		**是**
84		0%	1.4.5.1 石材下单图	负责人	3 个工作日	22/6/2	22/6/4	81	否
85		0%	1.4.5.2 木饰面下单图	负责人	3 个工作日	22/6/5	22/6/7	84	否
86		0%	1.4.5.3 瓷砖下单图	负责人	2 个工作日	22/6/8	22/6/9	85	否
87		0%	1.4.5.4 其他（根据项目自行添加）	负责人	1 个工作日	22/6/10	22/6/10	86	否
88		0%	1.4.5.5 下单图审单	负责人	1 个工作日	22/6/11	22/6/11	87	是
89		**0%**	**1.5 竣工资料阶段80%~100%**	**负责人**	**11 个工作日**	**22/6/12**	**22/6/22**		**否**
90		**0%**	**1.5.1 竣工母图现场勘测**	**负责人**	**3 个工作日**	**22/6/12**	**22/6/14**		**否**
91		0%	1.5.1.1 分区一	负责人	3 个工作日	22/6/12	22/6/14		否
92		0%	1.5.1.1.1 现场勘测图（手稿）	负责人	3 个工作日	22/6/12	22/6/14	68	否
93		0%	1.5.1.2 分区二	负责人	2 个工作日	22/6/12	22/6/13		否
94		0%	1.5.1.2.1 现场勘测图（手稿）	负责人	2 个工作日	22/6/12	22/6/13	68	否
95		**0%**	**1.5.2 竣工母图整理（质检）**	**负责人**	**2 个工作日**	**22/6/15**	**22/6/16**		**否**
96		0%	1.5.2.1 分区一	负责人	2 个工作日	22/6/15	22/6/16	90	否
97		0%	1.5.2.2 分区二	负责人	2 个工作日	22/6/15	22/6/16	90	否
98		0%	1.5.2.3 竣工母图完成情况确认表	负责人	1 个工作日	22/6/15	22/6/15	90	否
99		0%	1.5.2.4 竣工图出图报告	负责人	1 个工作日	22/6/15	22/6/15	90	否
100		**0%**	**1.5.3 设计洽商变更汇总**	**负责人**	**2 个工作日**	**22/6/17**	**22/6/18**		**否**
101		0%	1.5.3.1 变更洽商汇总单	负责人	2 个工作日	22/6/17	22/6/18	95	否
102		**0%**	**1.5.4 项目竣工总结**	**负责人**	**4 个工作日**	**22/6/19**	**22/6/22**		**否**
103		0%	1.5.4.1 项目总结PPT	负责人	4 个工作日	22/6/19	22/6/22	100	否

项目：×××
日期：××/××/××

任务　拆分　里程碑　摘要　项目摘要　非活动任务　非活动里程碑
非活动摘要　手动任务　仅工期　手动摘要总成　手动摘要　仅开始时间　仅完成时间
外部任务　外部里程碑　最后期限　进度　手动进度

模板

深化动态管控表（模板）

阶段总结

资料签收是深化工作的第一步。资料的及时性与准确性直接影响深化工作进度与质量，所以每一位深化设计负责人务必重视资料签收工作。

应核查资料提出图纸、物料手册、工艺等相关问题，给出合理化建议。前期深化设计需占据主动性，积极与各专业设计师、业主沟通方案，展示深化设计的专业性，为后期工作打下良好基础。

现场勘测是验证图纸资料是否准确的直接途径。深化设计师一定要掌握现场一手基础数据，为后续深化工作做准备。

动态管控表不仅可以指导深化设计师量化工作，责任到人，也可以使深化管理者实时掌控现场深化动态情况，对现场深化工作能够及时作出调整动作，保证深化工作流程能够按计划顺利完成。

2.2 放线配合——深化 10% ~ 30% 阶段

模拟项目工期为 16 周。

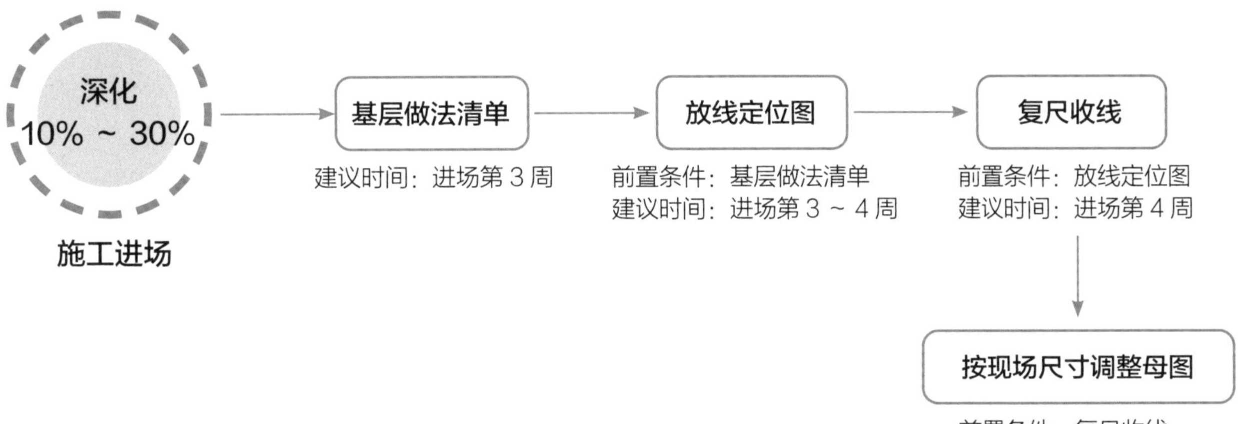

2.2.1 基层做法清单

基层做法清单可以明确、规范以及统一不同区域相同饰面材料的基层做法，降低现场失误率，提高生产进度。

由深化设计师负责，项目经理组织全员召开基层做法专题讨论会，明确各区域基层做法，为深化设计下一步工作做好资料支撑。

基层做法清单

SH-05 深化设计管理

1. 本表单于项目进场14日内由深化设计师对所有基层做法的整理与记录。
2. 本表单用于后期指导项目基层做法，也是绘制完成面图纸的放线基础数据。
3. 本表单由项目负责人指定专人负责保存，进场14日内上传深化平台，记入考核。

本表单由项目部内部专题会确定所有基层材料做法，进场14日内上传平台记入考核。

基层做法清单

项目名称：×××项目　工管：第×工程管理公司　负责人：霍××　日期：××/××/××

序号	区域楼层	房间名称	材料名称	材料编号	墙体类型(mm)	基层做法描述	完成面尺寸(mm)	备注
01	A区	厨房/卫生间	墙面瓷砖	CT-01/CT-04	新建40×40×4钢架隔墙	1. 导梁300 mm×60 mm 2. 40 mm×60 mm×4 mm镀锌方钢@400 mm 3. 9 mm厚埃特板+10 mm厚挂网抹灰层 4. 1.2 mm厚JS防水 5. 10 mm厚瓷砖粘结剂 6. 面层瓷砖	120	墙身双面瓷砖
02	A区	厨房/卫生间	墙面瓷砖	CT-01/CT-04	原结构剪力墙/承重墙	1. 界面剂一道 2. 20 mm厚1：2水泥砂浆抹灰层 3. 1.2 mm厚JS防水 4. 10 mm厚瓷砖粘结剂 5. 面层瓷砖	200	新建墙墙面做法
03	A区	员工休息室	墙面涂料	PT-01	新建轻质砖墙	1. 界面剂一道 2. 满墙耐碱玻璃纤维网布、20 mm厚1：2水泥砂浆抹灰层 3. 三遍腻子 4. 三遍乳胶漆	25	墙面涂料
04	A区	厨房/卫生间	地面瓷砖	CT-01/02	原建筑楼板	1. 界面剂一道 2. 20 mm厚水泥砂浆找平层 3. 1.5 mm厚JS防水 4. 20 mm厚水泥砂浆保护层 5. 10 mm厚瓷砖粘结剂 6. 面层瓷砖	60	湿区地面瓷砖
05	A区	员工休息室	地面瓷砖	WD-01	原建筑楼板	1. 界面剂一道 2. 30 mm厚1：3干硬性水泥砂浆找平层 3. 10 mm厚瓷砖粘结剂 4. 面层瓷砖	50	干区地面瓷砖

签字栏		
深化设计负责人	生产负责人	核算负责人
___年___月___日	___年___月___日	___年___月___日

模板

材料名称：
根据下拉菜单选择墙面地面材料。

墙体类型：
根据可选项选择对应不同墙体，区分原建筑墙与新建隔墙。

基层做法描述：
根据现场实际情况及项目部要求明确所有基层材料做法。

完成面尺寸：
作为深化放线图依据，相应调整完成面尺寸。

基层做法清单与基层节点图库相匹配，后续不断完善。使用时从基层做法表中筛选相应做法。核算员根据基层做法表测算项目成本。

基层做法清单（模板）

注：本表单根据不同区域内的不同饰面材料，对其基层做法进行拆分、明确。

先确定隔墙类型，根据施工图纸、报价清单、质量要求、最新图集，最终确定基层做法，并做好准确记录。

通过项目部内部专题会议共同确定基层做法。作为深化完成面图纸依据，避免后期因做法变更而反复调整图纸，生产负责人、深化负责人、核算负责人共同签字确认基层做法清单。

基层做法专题讨论会

基层做法清单 **SH-05** 深化设计管理

1. 本表单于项目进场14日内由深化设计对所有基层做法的整理与记录；
2. 本表单用于后期指导项目基层做法，也是绘制完成面图纸的放线基础数据；
3. 本表单由项目负责人指定专人负责保存，进场14日内上传深化平台，记入考核；

基层做法清单

项目名称：xxx项目 | 工管：第x工程管理公司 | 负责人:翟xx | 日期:xx/xx/xx

序号	区域楼层	房间名称	材料名称	材料编号	墙体类型（mm）	基层做法描述	完成面尺寸（mm）	备注
01	A区	厨房/卫生间	墙面瓷砖	CT-01/CT-04	新建40×40×4钢架隔墙	1. 导梁300 mm×60 mm 2. 40 mm×60 mm×4 mm镀锌方管@400 mm 3. 9 mm埃特板+10 mm挂网抹灰层 4. 1.2 mm JS防水 5. 10 mm瓷砖粘接剂 6. 面层瓷砖	120	墙身双面瓷砖
02	A区	厨房/卫生间	墙面瓷砖	CT-01/CT-04	原结构剪力墙/承重墙	1. 界面剂一道 2. 20 mm1：2水泥砂浆抹灰层 3. 1.2 mm JS防水 4. 10 mm瓷砖粘接剂 5. 面层瓷砖	200	新建墙墙面做法
03	A区	员工休息室	墙面涂料	PT-01	新建轻质砖墙	1. 界面剂一道 2. 满墙抗碱玻纤网格布20 mm1：2水泥砂浆抹灰层 3. 三遍腻子 4. 三遍乳胶漆	20	墙面涂料
04	A区	厨房/卫生间	地面瓷砖	CT-01/02		1. 界面剂一道 2. 20 mm水泥砂浆找平层 3. 1.5 mmJS防水 4. 20 mm水泥砂浆保护层 5. 10 mm瓷砖粘接剂 6. 面层瓷砖	60	湿区地面瓷砖
05	A区	员工休息室	地面瓷砖	WD-01		1. 界面剂一道 2. 30 mm1：3干硬性水泥砂浆找平层 3. 10 mm瓷砖粘接剂 4. 面层瓷砖	160	干区地面瓷砖
06	B区	茶室	墙面木饰面	WD-01	新建75轻钢龙骨隔墙	1. 75型隔墙龙骨 2. 12 mm阻燃板 3. 9 mm木挂条 3. 12 mm木饰面	110	墙面木饰面做法
07	B区	茶室	墙面壁布	FA-01	原结构剪力墙/承重墙	1. U形卡 2. 50型覆面龙骨 3. 12 mm阻燃板 3. 12 mm硬包（雪弗板基层）	50	墙面硬包做法
08	B区	茶室	墙面石材	ST-03	原结构剪力墙/承重墙	1. 界面剂一道 2. 20 mm1：2水泥砂浆抹灰层 3. 10 mm石材粘接剂 4. 面层石材	50	墙面石材做法
09	B区	卫生间	玻璃	MR-01	新建40×40×4钢架隔墙	1. 导梁300 mm×150 mm 2. 双层40 mm×40 mm×4 mm镀锌方管@400 mm 3. 9 mm埃特板+10 mm挂网抹灰层 4. 1.2 mmJS防水 5. 9 mm阻燃板（防潮处理） 6. 银镜	120	墙面镜子
10	B区	卫生间	墙面微水泥	SF-01	新建40×40×4钢架隔墙	1. 导梁300 mm×150 mm 2. 40 mm×60 mm×4 mm镀锌方管@400 mm 3. 9 mm埃特板+10 mm挂网抹灰层 4. 1.2 mmJS防水 5. 10 mm水泥砂浆找平层 6. 滚涂水性环氧底漆 7. 批刮水性环氧底漆+石英砂 8. 批刮艺术漆（粗）（细）两道 9. 面漆三道	200	墙面微水泥
11	B区	卫生间	墙面人造石	ST-05	原结构剪力墙/承重墙	1. 界面剂一道。 2. 20mm1：2水泥砂浆抹灰层 3. 1.2mmJS防水。 4. 10mm石材粘接剂 5. 面层水磨石	50	墙面水磨石
13	C区	12人包间	墙面木饰面	FA-02	原结构剪力墙/承重墙	1. U形卡 2. 50型覆面龙骨 3. 12 mm阻燃板 3. 12 mm硬包（雪弗板基层）	50	墙面硬包

签字栏

深化设计负责人	施工员	核算员
___年___月___日	___年___月___日	___年___月___日

基层做法清单填写（示意）

隔墙做法可以参考相关基层节点图集，辅助深化设计师对装饰施工工艺的理解、学习和应用。项目深化过程中，为了提高项目深化设计工作效率，可以从相关图集中找到与之相匹配节点做法，帮助前期快速确定基层做法清单。

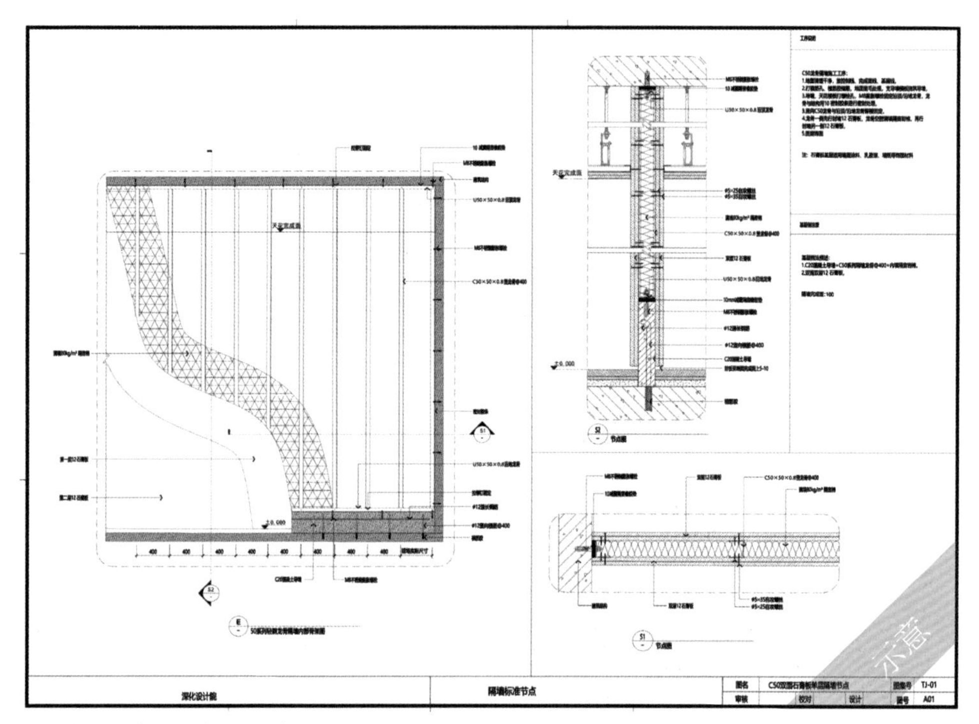

轻钢龙骨隔墙节点详图（示意）

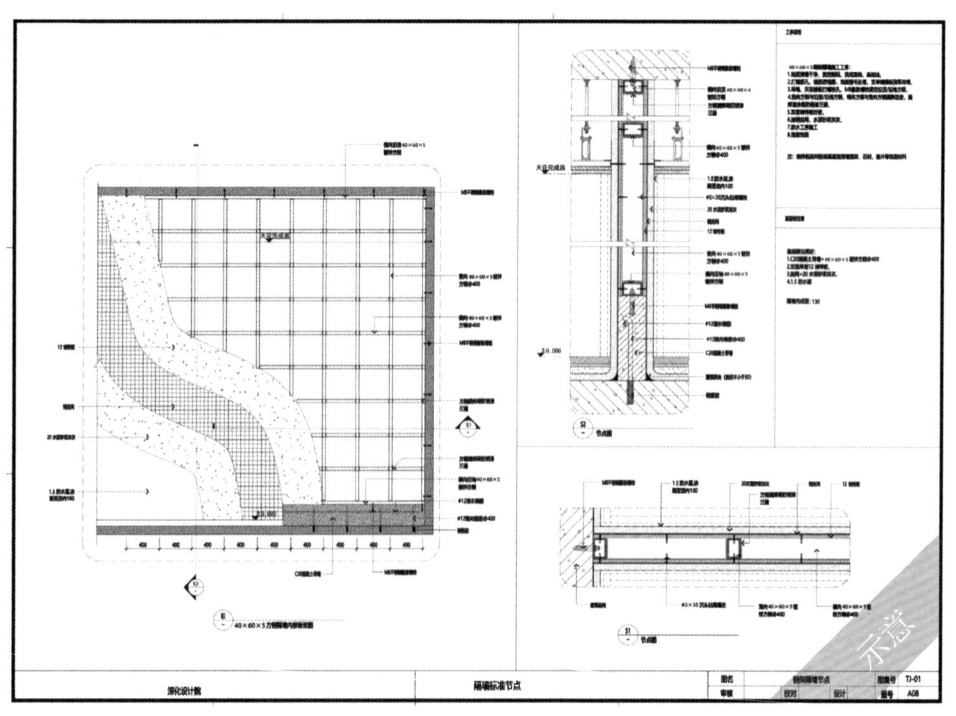

钢架隔墙节点详图（示意）

墙体定位前不仅需考虑消防栓位置、机电管线路由及末端点位等，还需结合构件门节点图确定门洞加固方案。深化墙体定位图时要明确墙体开洞、点位预埋等内容。

轻钢龙骨隔墙门洞需做钢架加固，龙骨排布时注意墙面点位预埋，避免点位定位在主龙骨上。钢架隔墙若需安装暗藏闭门器，则钢架定位时需考虑闭门器安装空间及开孔尺寸。深化图纸时需策划好这些内容，避免后期因交底不到位造成返工。

轻钢龙骨隔墙现场

钢架隔墙现场

可以从基层节点相关图库筛选相匹配的隔墙做法，确认隔墙厚度。

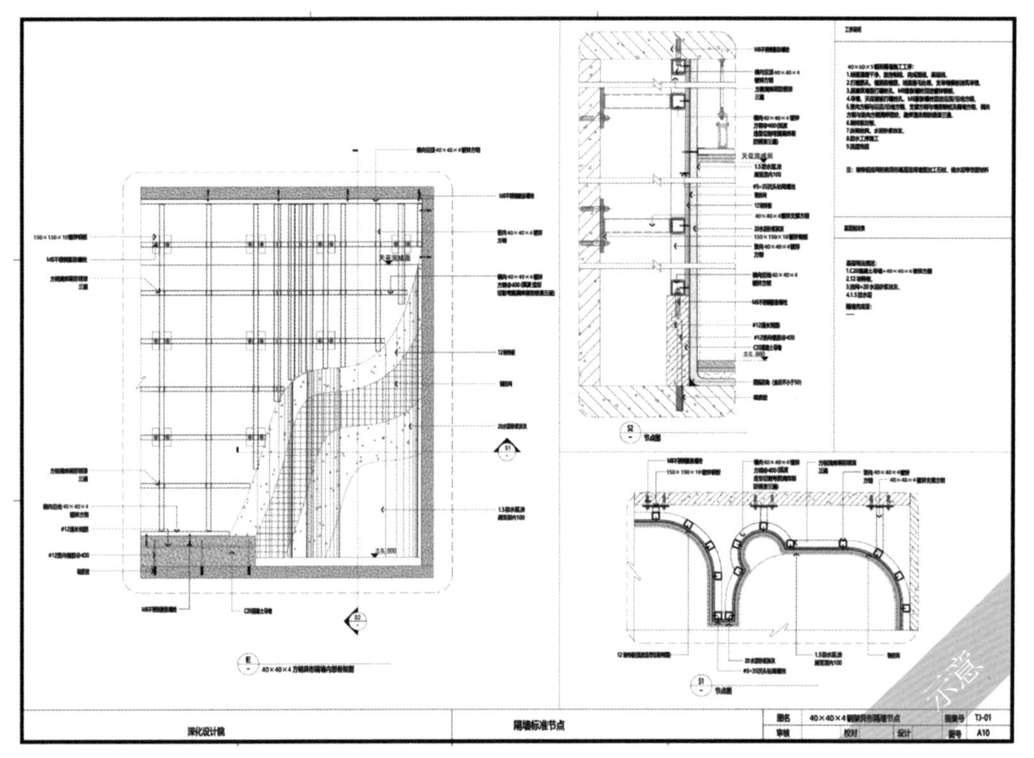

弧形钢架隔墙节点详图（示意）

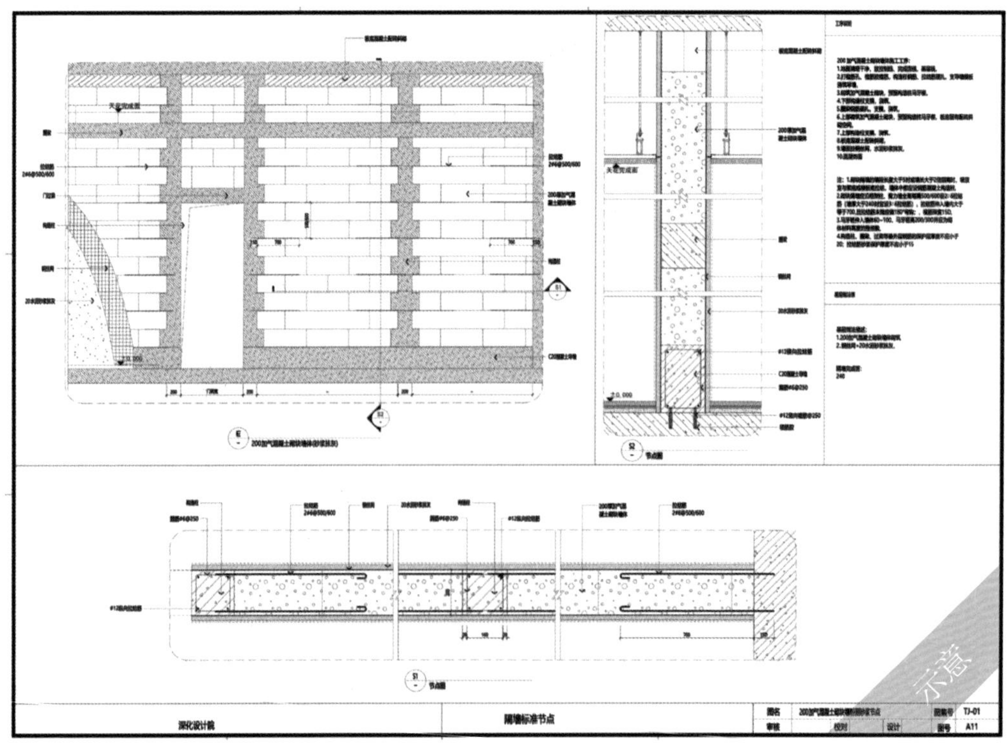

砌筑隔墙节点详图（示意）

墙体有弧形造型时，建议使用钢架做法，这种做法现场施工方便。砌筑墙体时可以参照相关隔墙节点图集做法，根据面层材料特性及项目部要求匹配对应隔墙类型，保证方案可实施性，减少后期质量隐患。

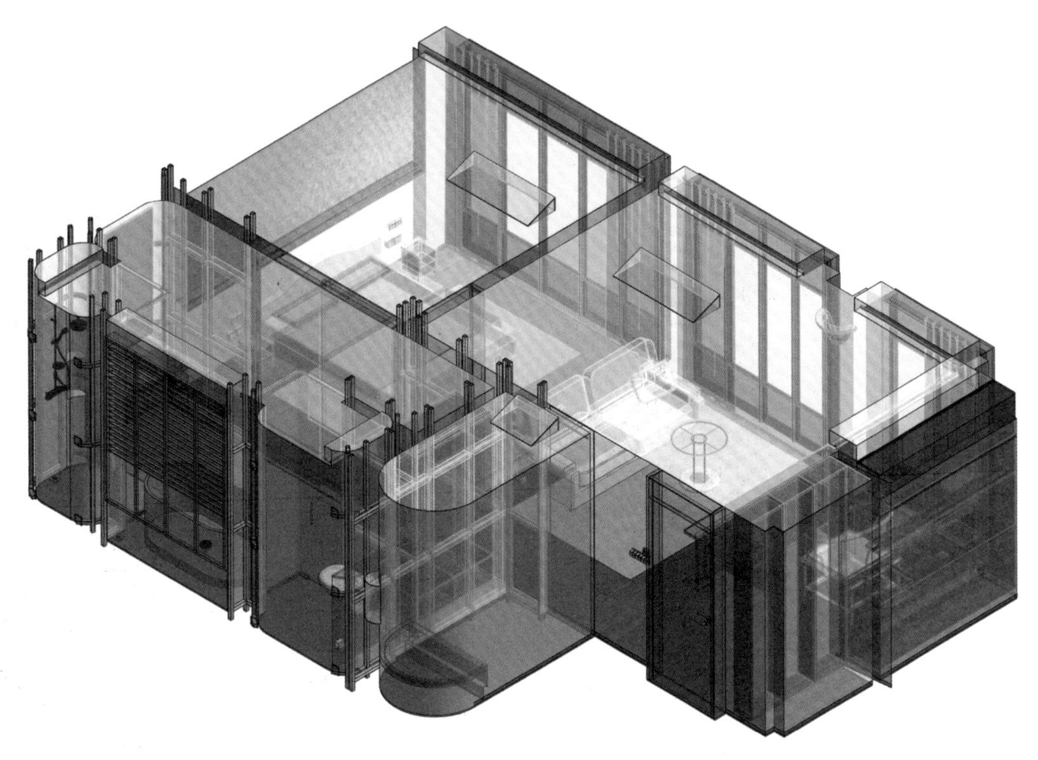

弧形钢架隔墙建筑信息模型（BIM）（示意）

砌筑隔墙现场

2.2.2 放线定位图

施工放线是项目的核心，始终贯穿整个施工过程，用于指导主材下单、基层施工、面层安装，因此深化设计必须重视放线图纸的绘制，加强放线工作的管理。通过精准放线减少返工，提高收口收头的质量，缩短工期，实现降本提质。

第一步，现场勘测柱子与柱网尺寸，了解现场建筑结构偏差值，为确定装饰基准线提供基础数据。

现场勘测柱子与柱网尺寸

施工放线是由现场施工人员与深化设计师联合作业完成，放线图纸的准确性将直接影响放线质量，前期项目部需对现场土建移交线进行复核校准。

第二步，项目部应与总承包团队、业主及监理，对轴线、1 m 线移交确认，复核柱子中线与轴线关系，作为现场放线依据。

复核柱子中线尺寸

放线要求有全局观念，装饰基准线是所有完成面线的源头，应确保装饰基准线现场定位与图纸尺寸一致，参照装饰基准线设置主控线。所有放线尺寸都有参考标准，确定好装饰基准线和主控线是放线管理的第一步。

第三步，分析整合空间平面布局特点，合理设置横向与竖向十字交叉装饰基准线，作为放线起始点。
第四步，装饰基准线一般从电梯中或者整个楼层中心区域引出，这样累计误差最小。现场装饰基准点可以用角铁做记号，以免后期地面找平后找不到。

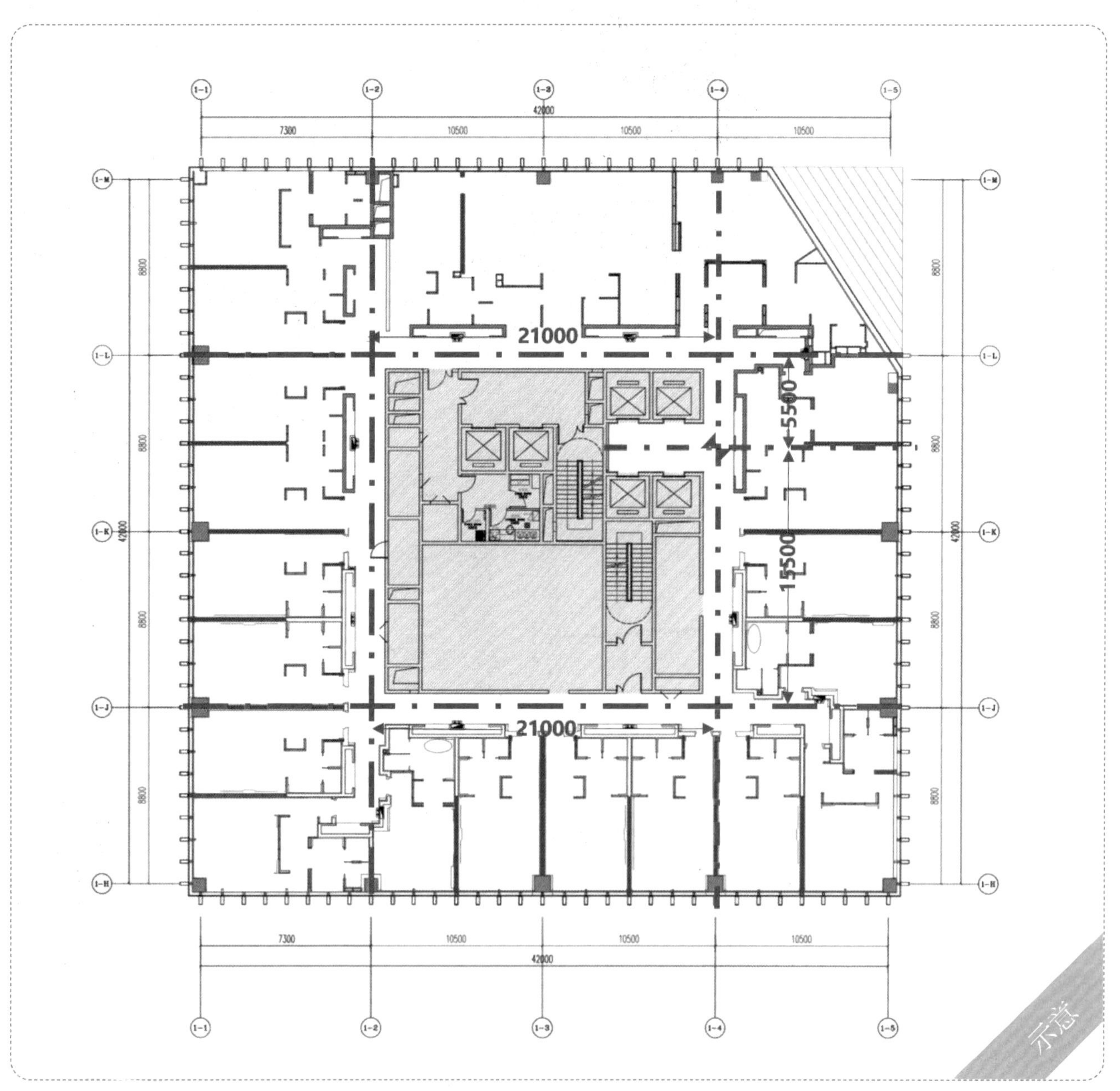

放线定位图中的装饰基准线和主控制线（示意）

·—·—·—· 装饰基准线
·—·—·—· 主控制线
装饰基准点

策划好房间内主控制线，从门洞贯穿整个房间，并延伸到墙面上。

第五步，通过装饰基准线，放主控制线。每个房间放十字交叉主控制线，其中一根主控制线需从门洞贯穿。
第六步，主控制线之间距离为 500 mm 的倍数，主控线需返到墙上，高度在 2 m 左右，以免后期地面找平时找不到主控制线的位置。

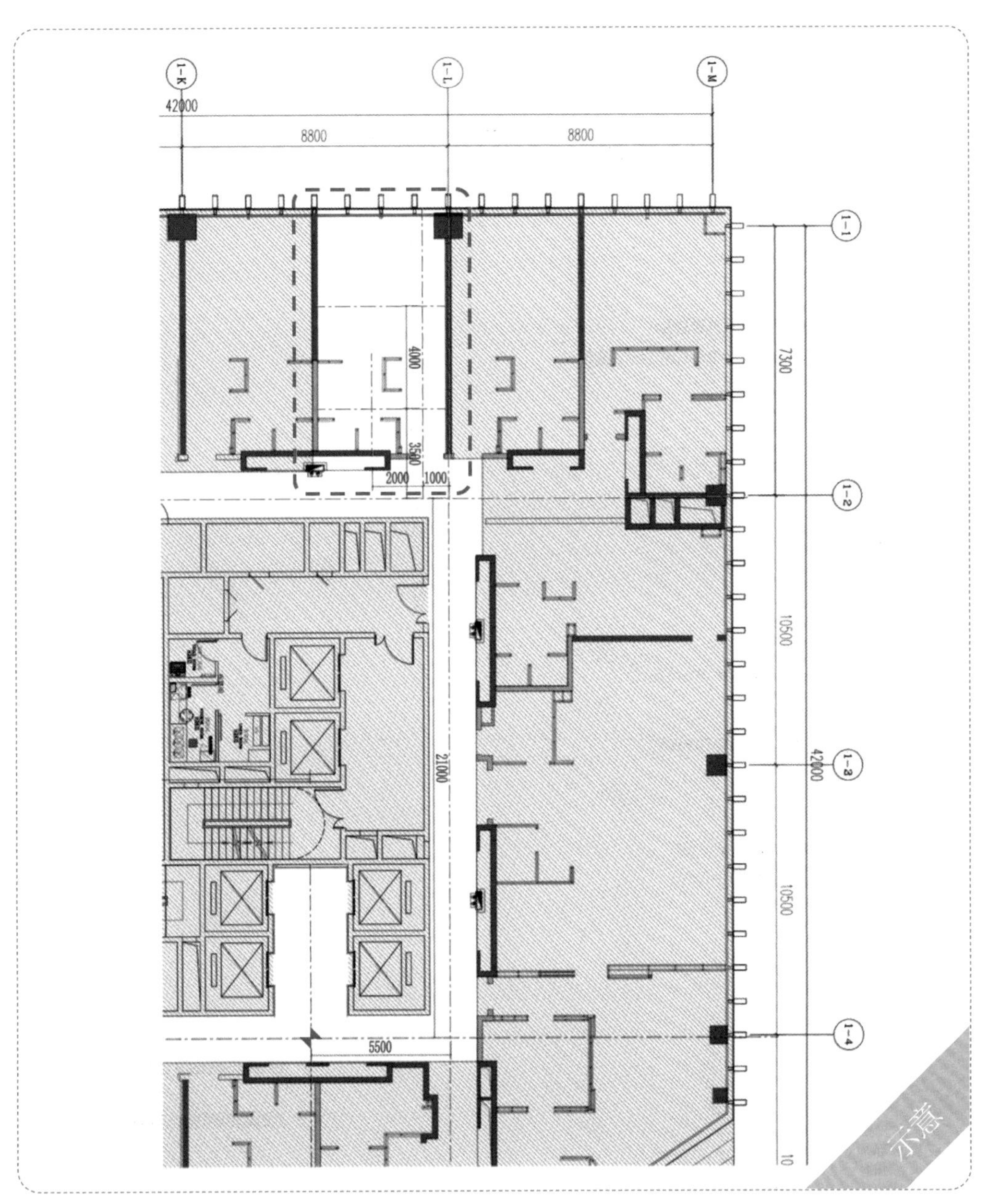

放线定位图中从走道主控制线引入房间（示意）

1）原始建筑结构图

用于核对现场原建筑墙体、主次梁、结构降板等尺寸偏差；关注现场消防管道、排水管立管位置，对于主管道不能改动的，一定要反馈到图纸上，与设计沟通深化方案，保证后期放线图纸的准确性。

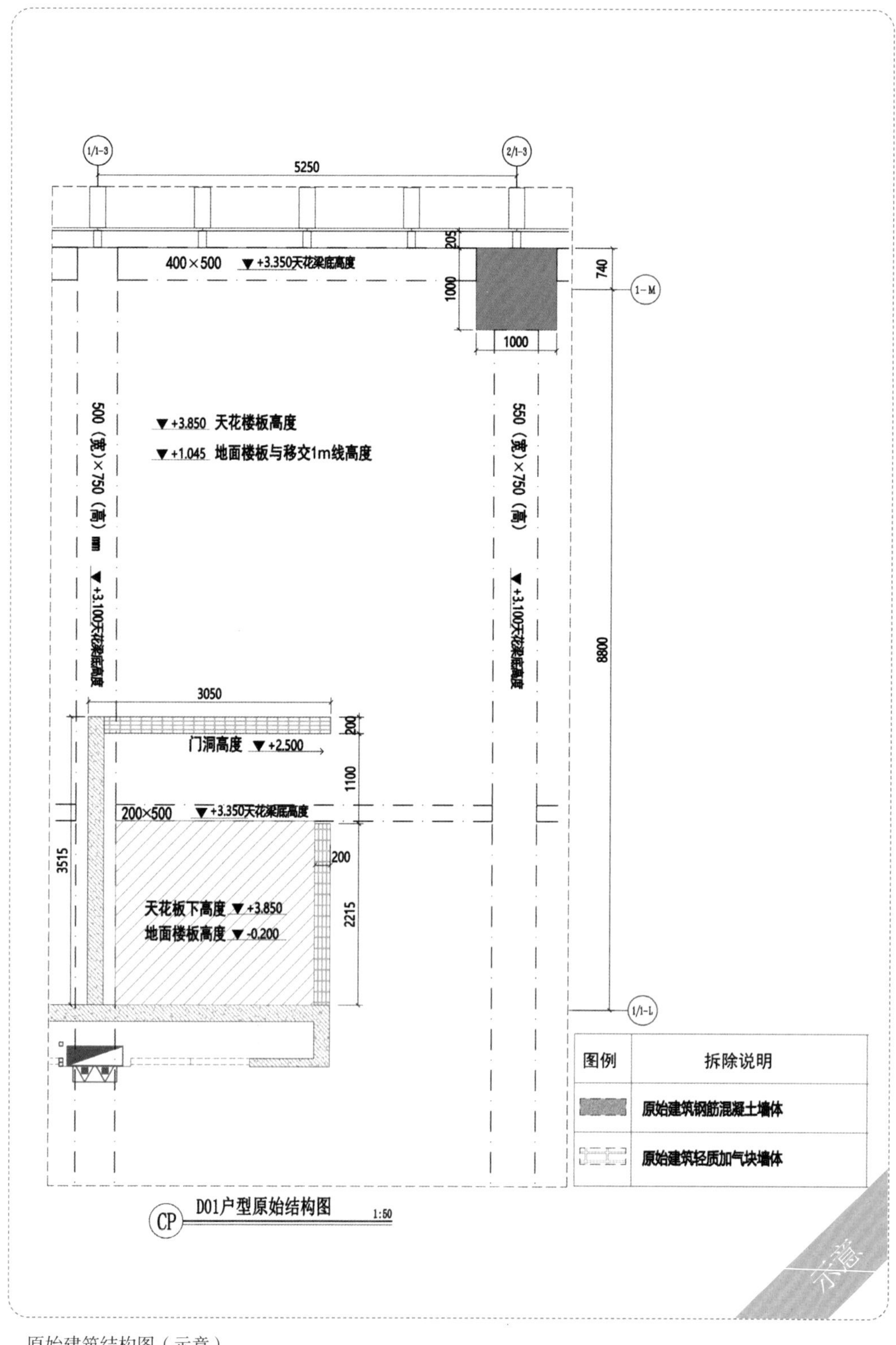

原始建筑结构图（示意）

2）墙体拆除平面尺寸图

放线图包含墙体拆除平面尺寸图，应根据装饰平面图复核墙体拆除区域范围，尺寸需标注完善，注明墙体高度。

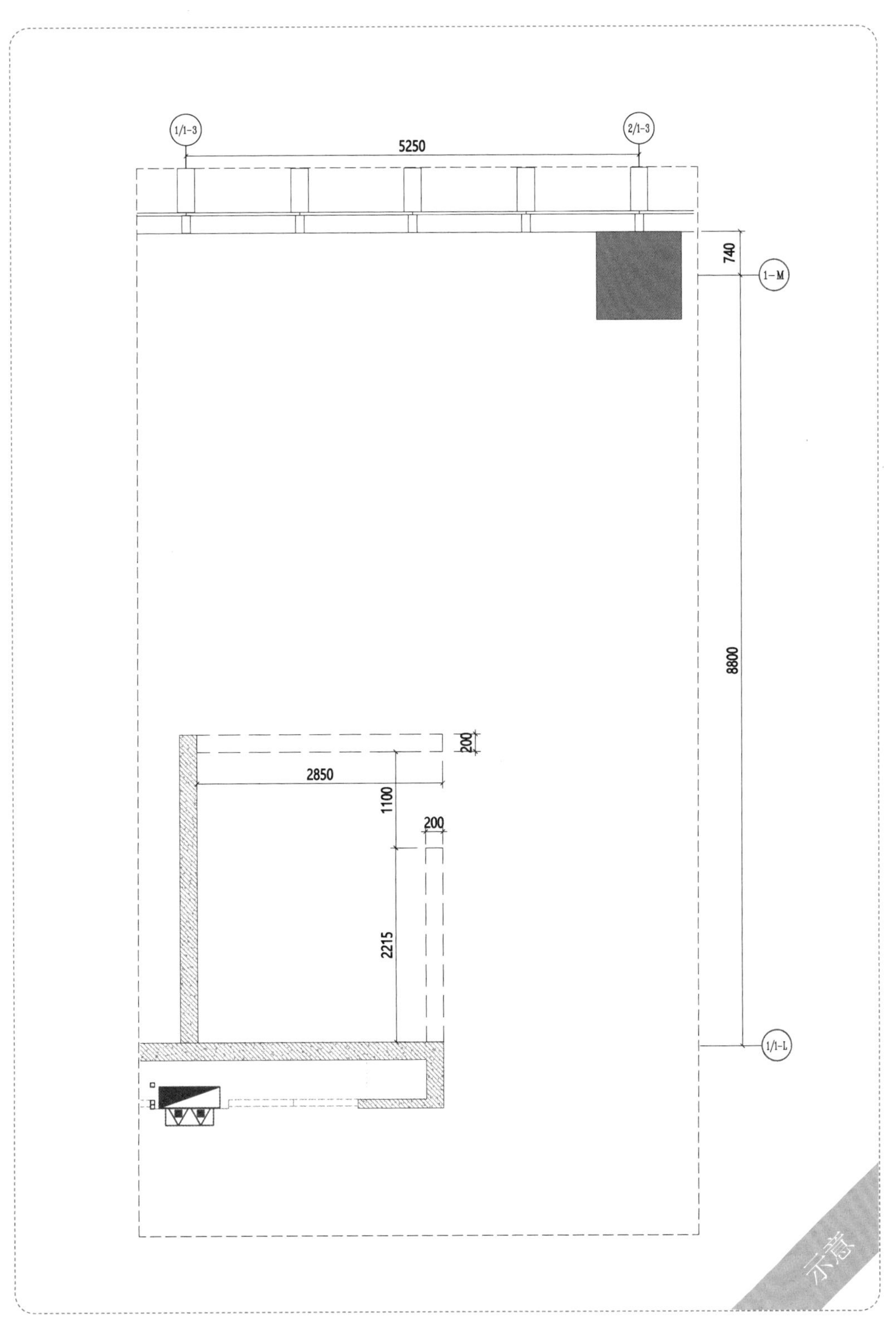

墙体拆除平面尺寸图（示意）

3）墙体定位图

墙体定位图包含主控制线、墙体中心线、墙体基层完成面线、新建墙体图例、隔墙做法说明等。

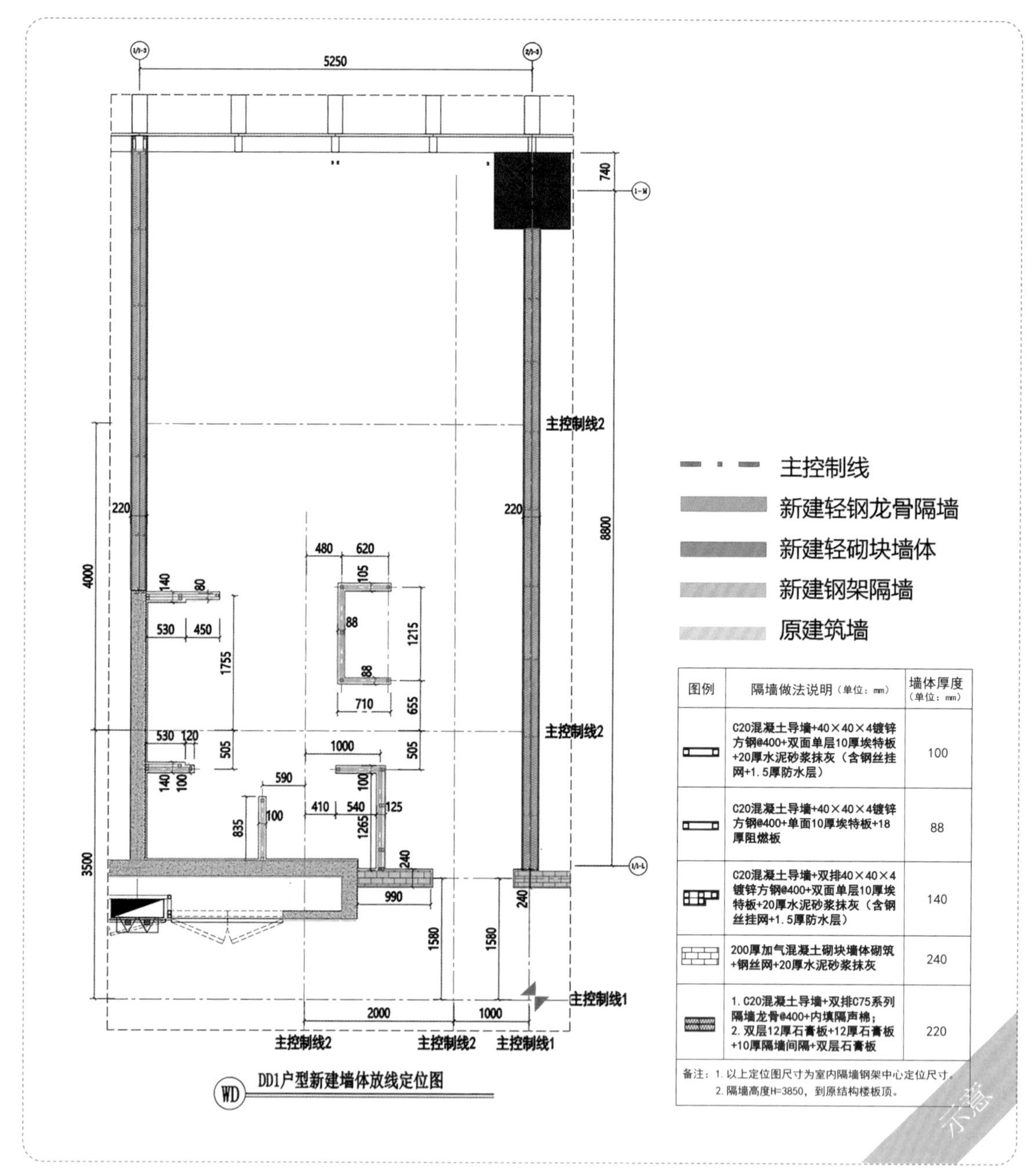

图例	隔墙做法说明（单位：mm）	墙体厚度（单位：mm）
	C20混凝土导墙+40×40×4镀锌方钢@400+双面单层10厚埃特板+20厚水泥砂浆抹灰（含钢丝挂网+1.5厚防水层）	100
	C20混凝土导墙+40×40×4镀锌方钢@400+单面10厚埃特板+18厚阻燃板	88
	C20混凝土导墙+双排40×40×4镀锌方钢@400+双面单层10厚埃特板+20厚水泥砂浆抹灰（含钢丝挂网+1.5厚防水层）	140
	200厚加气混凝土砌块墙体砌筑+钢丝网+20厚水泥砂浆抹灰	240
	1. C20混凝土导墙+双排C75系列隔墙龙骨@400+内填隔声棉； 2. 双层12厚石膏板+12厚石膏板+10厚隔墙间隔+双层石膏板	220

备注：1. 以上定位图尺寸为室内隔墙钢架中心定位尺寸。
2. 隔墙高度H=3850，到原结构楼板顶。

墙体定位图（示意）

实践要点

1. 根据隔墙做法明确隔墙基层完成面厚度，调整隔墙定位图纸，绘制墙体中线，从墙中线到主控制线标记尺寸。

2. 新建墙体附对应墙体厚度做法表，钢架隔墙需标注钢架基层厚度，避免因不同墙面做法造成厚度不统一，导致放线偏差。

3. 现场班组依据节点做法图纸，放钢架龙骨基层线；新建墙体可以按类型分类标记颜色，对现场班组进行交底，避免交底不到位造成墙体施工错误。

4）墙面材料分布平面图

根据立面图信息绘制平面材质分布图，标记面层主要材质信息。墙面有多种材料的，可以标注底部与完成面相关联主材信息。用于指导现场放线施工，现场放线可以根据面层材质及做法清单，及时反馈现场放线问题。

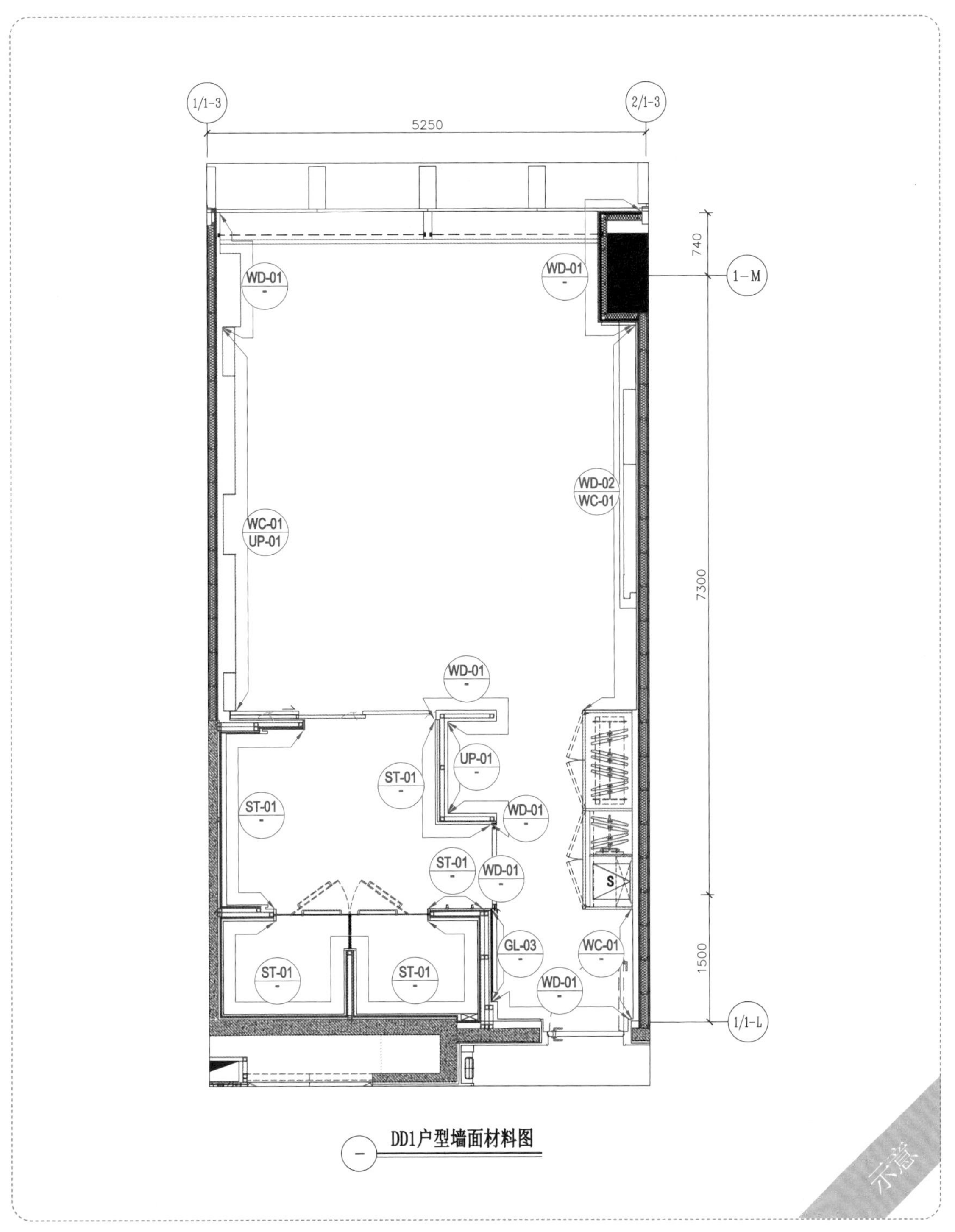

墙面材料分布平面图（示意）

5）完成面定位图

绘制完成面定位图需要符合模数化、产品化放线思路，确定定量与变量尺寸，所有空间内装饰造型完成面尺寸应在主控线完成标记，这样做可以实现后续工作的连贯和高效。

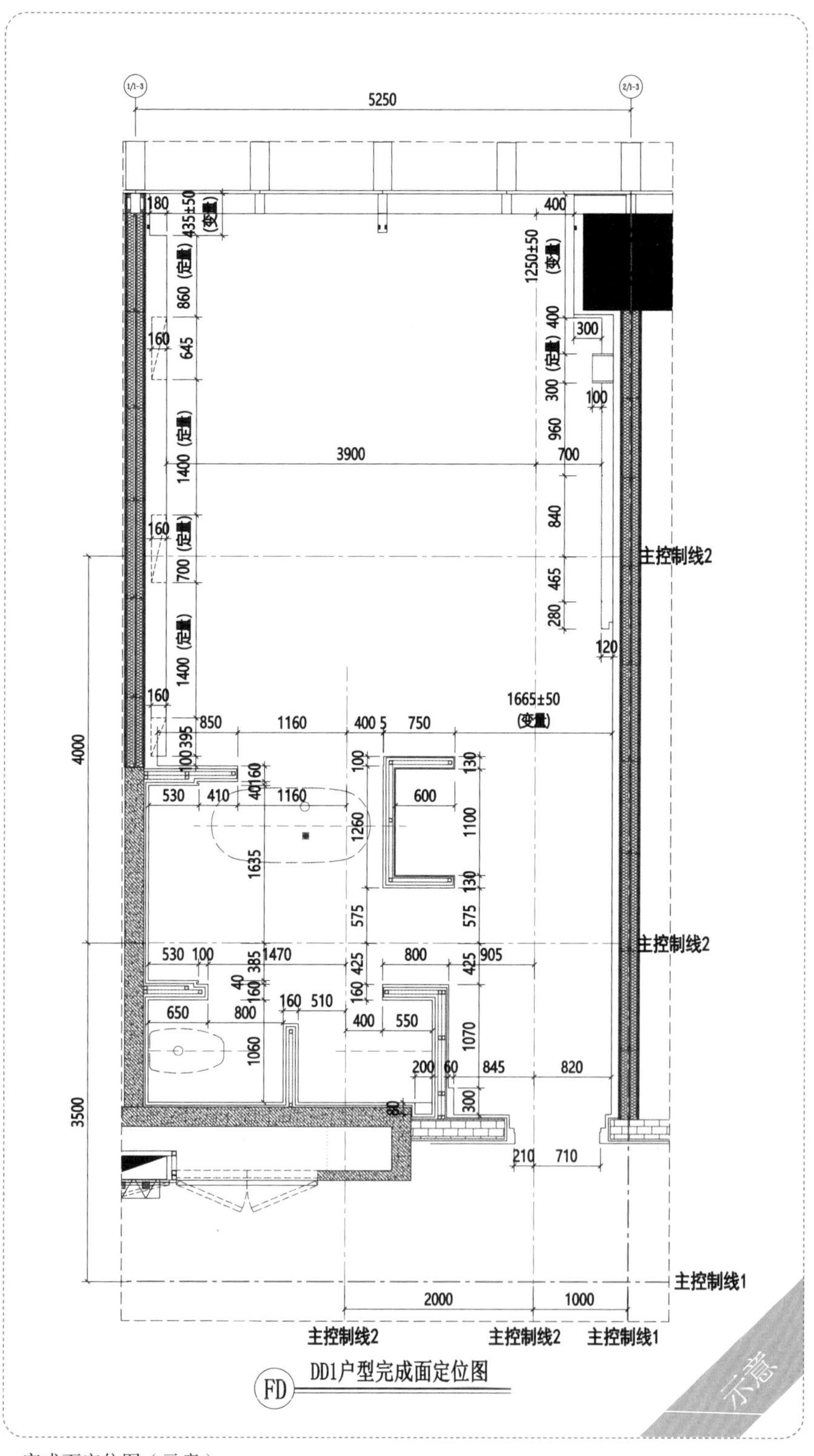

完成面定位图（示意）

实践要点

1. 绘制户型完成面定位图前，应先确认面层材料做法，根据基层做法清单中厚度调整完成面尺寸。

2. 关注材料排板，注意定量与变量控制，固定家具、木饰面、硬包等墙面造型作为定量，方便后期产品化下单。

3. 标准品需按模数合理调整面层分割排板，在保证无小块尺寸的同时降低损耗。

4. 从主控制线引出床中、背景墙中、走道中、造型中等次控制线，用于辅助后期综合点位的定位。

5. 在 CAD 软件中绘制完成面线时，需用“PL”多段线绘制。所有完成面尺寸都需从主控制线标记尺寸，确保尺寸都统一参考线，防止后期收线时房间内完成面的相关尺寸与其他专业尺寸无法一致。

6）给水排水定位图

梳理预埋卫浴五金的技术参数，根据面层排板及安装手册确认点位准确位置。卫生间坐便器、地漏排水点位需与建筑梁图核对是否有影响，地漏下水位置需结合地面排板图定位，尽量设置在地面石材的中间区域，避免压在分缝上。

1. 根据台盆龙头安装手册要求，龙头冷热水三角阀及排水口安装的离地高度为 450 ~ 500 mm，间距为 100 mm。
2. 冷热水布置原则为左热右冷。

1. 根据浴缸安装手册要求，地面设置排水口及排污口（地漏），排污口在浴缸排水口中心半径为 100 ~ 250 mm 圆的范围内（注：图纸标注“300”指的是两点间距，地漏距浴缸中心点实际上小于 300 mm）。
2. 墙面浴缸龙头居中在墙中线安装，高度详见浴缸龙头物料手册。

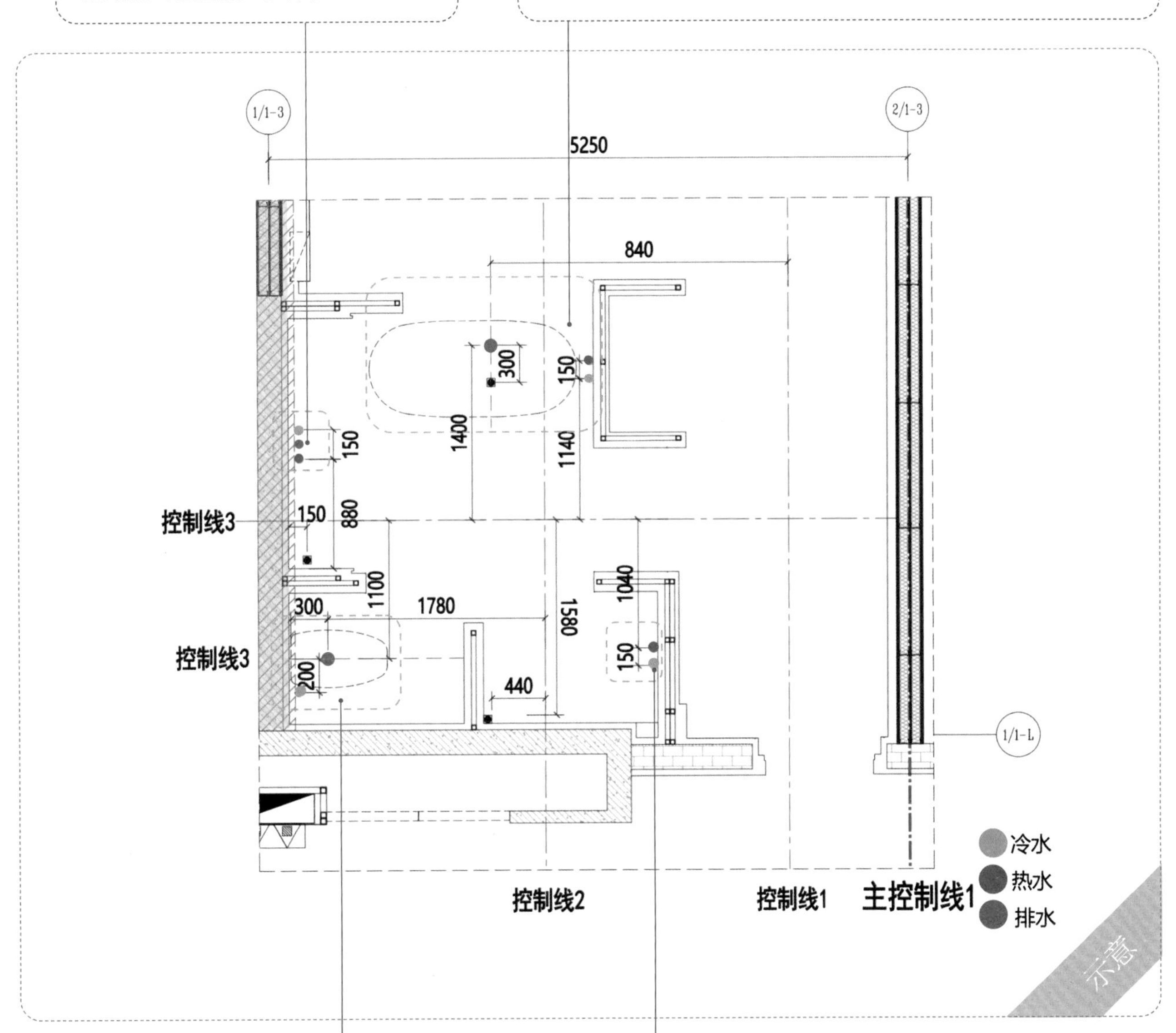

1. 根据洁具物料安装手册要求，坐便器给水点位均统一在坐便器左侧，高度距地 150 mm，插座在右侧。
2. 排污口距离墙面完成面 300 mm，核对建筑梁图是否有冲突，可以根据梁的位置选择合适坑距的马桶。
注：具体给水排水定位需根据项目实际要求进行定位。

1. 根据洁具五金安装手册要求，花洒混水阀预埋点位中心点距地高度为 1050 mm。
2. 手阀与淋浴顶喷同在墙面中线上。

给水排水定位图（示意）

现场放线交底时，根据浴缸、坐便器安装手册要求进行准确定位。

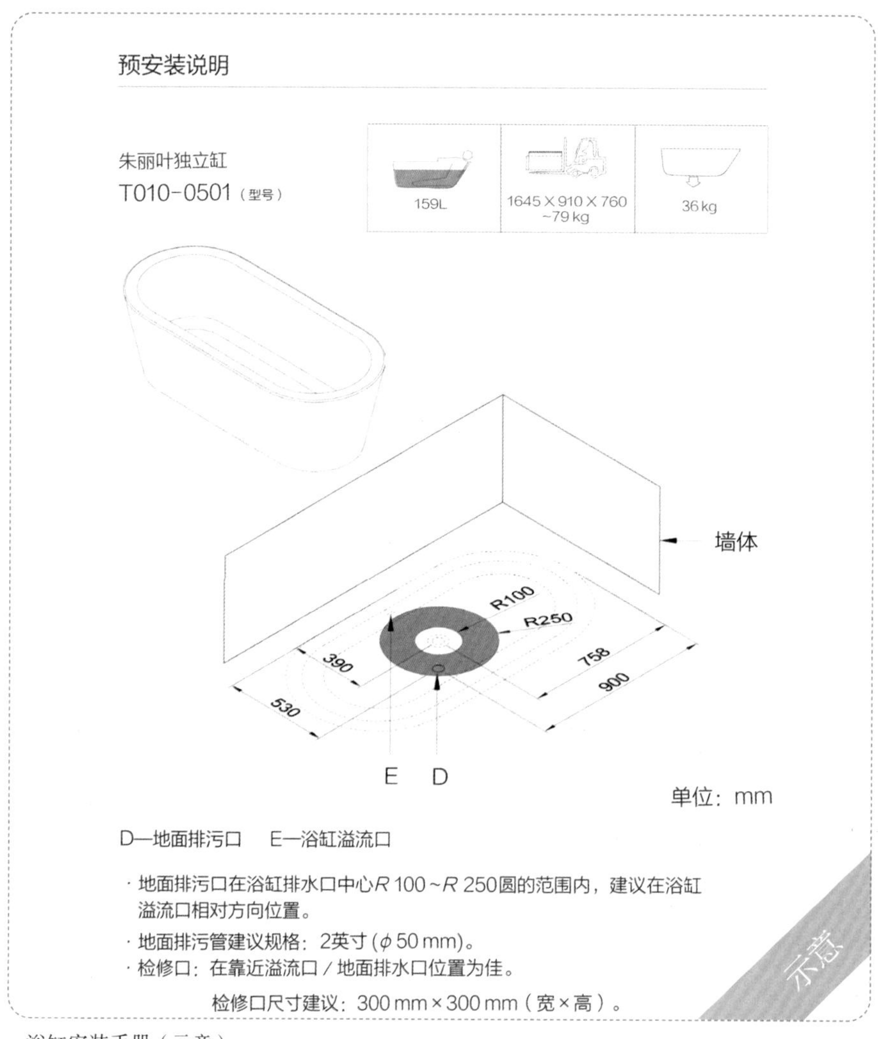

浴缸安装手册（示意）
图片来源：恩仕卫浴

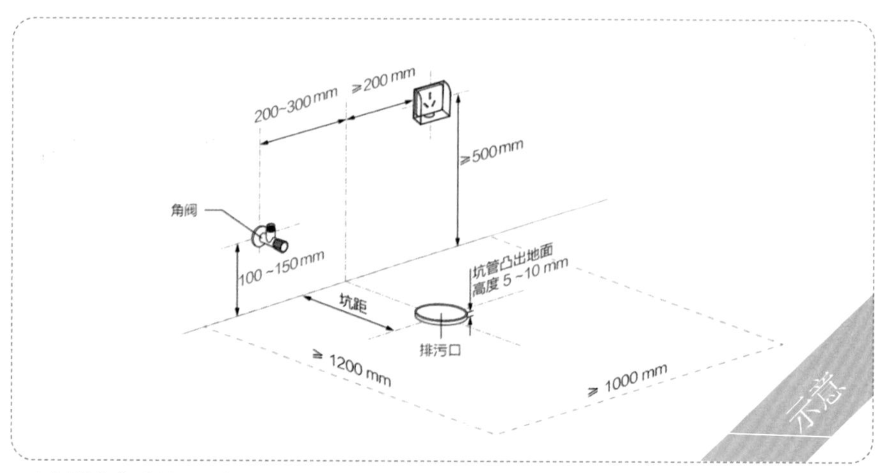

坐便器安装手册（示意）
图片来源：恩仕卫浴

需要注意的是，花洒、龙头五金预埋点位应按实物进行预埋定位，台盆水龙头定位需对准台盆中线，出口点与台盆排水孔需在同一垂直线上，防止水喷溅出来。

淋浴间花洒顶喷五金需提前预埋定位

水龙头定位需对准台盆中线

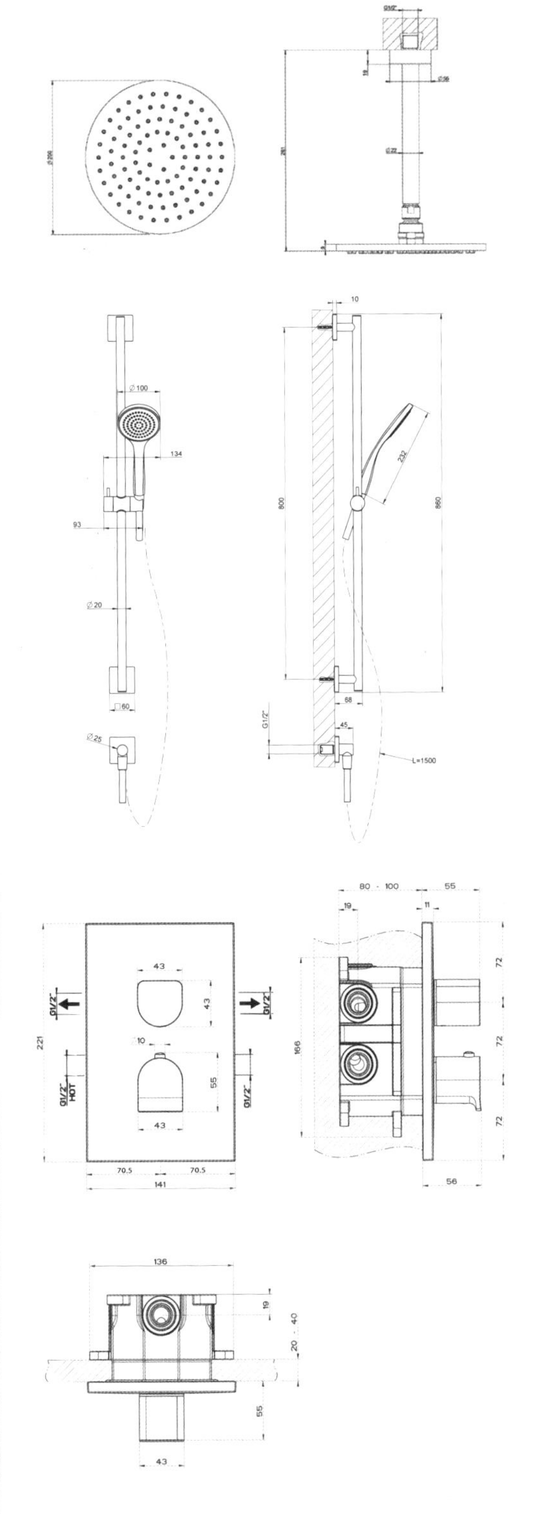

花洒尺寸图（示意）
图片来源：意大利捷仕卫浴

7）深化图纸上墙

对放线定位图进行现场交底，明确装饰基准线、主控制线、墙体定位线，控制定量与变量造型尺寸，为产品化下单做准备。

深化图纸上墙

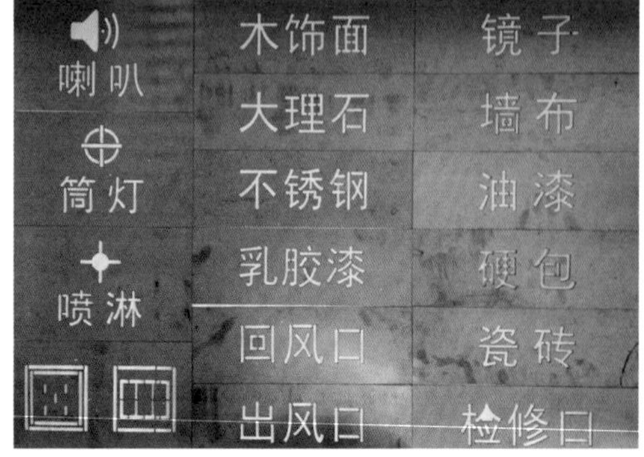

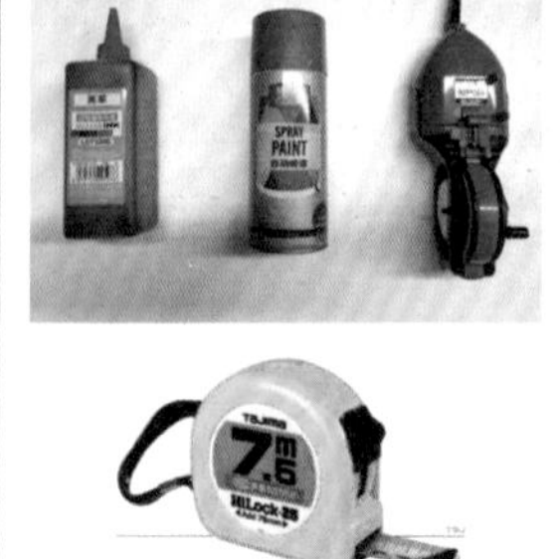

放线工具

2.2.3　复尺收线

1）收线问题记录单

现场放线完成后，生产负责人、核算负责人、深化设计负责人共同对现场放线进行复核验线，确认现场放线满足施工要求。当出现现场尺寸偏差较大时，需形成记录并写明出现偏差原因，作为与业主沟通调整方案的资料，同时作为调整母图的数据依据。

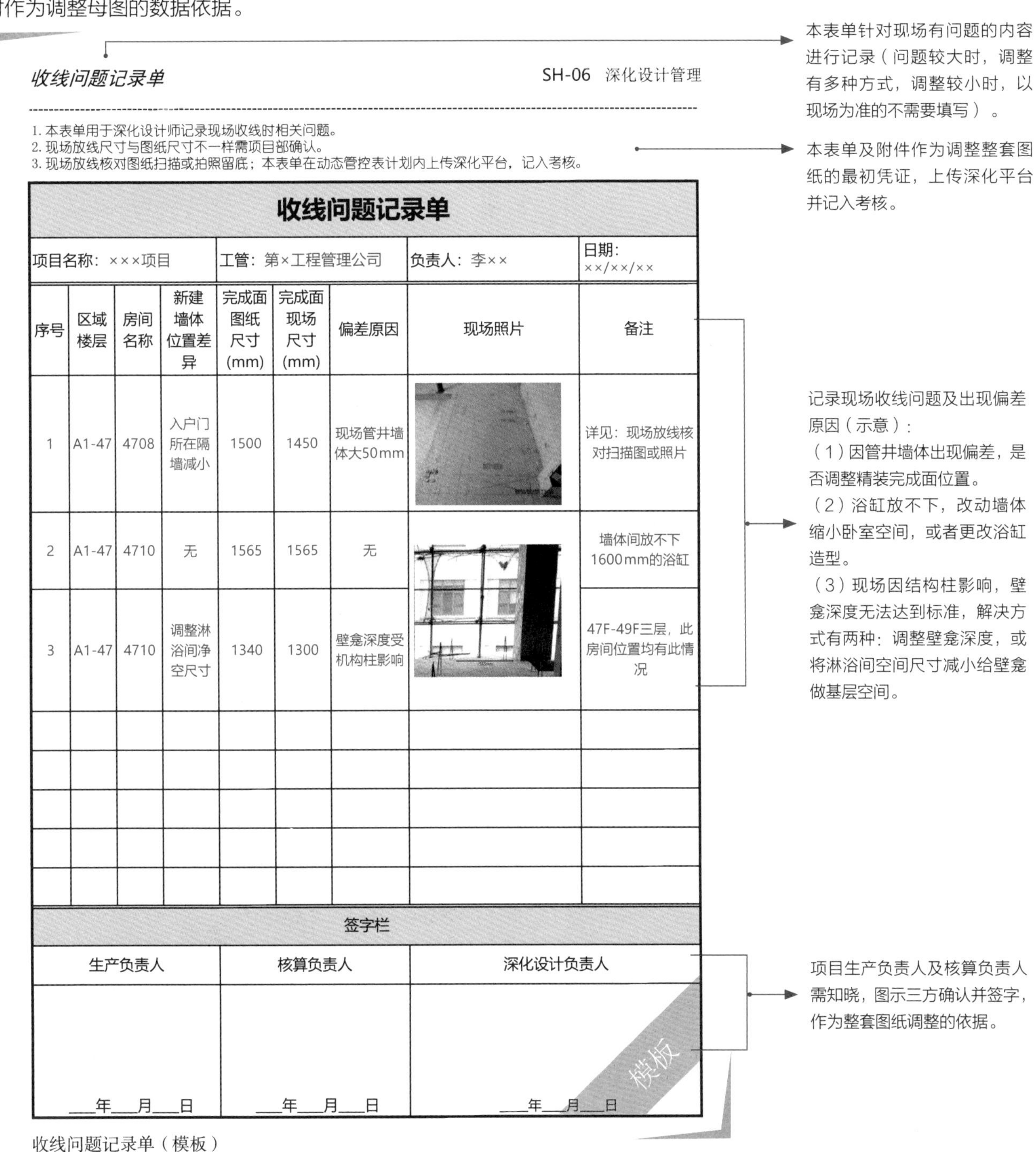

本表单针对现场有问题的内容进行记录（问题较大时，调整有多种方式，调整较小时，以现场为准的不需要填写）。

收线问题记录单　　SH-06　深化设计管理

1. 本表单用于深化设计师记录现场收线时相关问题。
2. 现场放线尺寸与图纸尺寸不一样需项目部确认。
3. 现场放线核对图纸扫描或拍照留底；本表单在动态管控表计划内上传深化平台，记入考核。

本表单及附件作为调整整套图纸的最初凭证，上传深化平台并记入考核。

收线问题记录单

项目名称：×××项目	工管：第×工程管理公司	负责人：李××	日期：××/××/××

序号	区域楼层	房间名称	新建墙体位置差异	完成面图纸尺寸(mm)	完成面现场尺寸(mm)	偏差原因	现场照片	备注
1	A1-47	4708	入户门所在隔墙减小	1500	1450	现场管井墙体大50mm		详见：现场放线核对扫描图或照片
2	A1-47	4710	无	1565	1565	无		墙体间放不下1600mm的浴缸
3	A1-47	4710	调整淋浴间净空尺寸	1340	1300	壁龛深度受机构柱影响		47F-49F三层，此房间位置均有此情况

记录现场收线问题及出现偏差原因（示意）：
（1）因管井墙体出现偏差，是否调整精装完成面位置。
（2）浴缸放不下，改动墙体缩小卧室空间，或者更改浴缸造型。
（3）现场因结构柱影响，壁龛深度无法达到标准，解决方式有两种：调整壁龛深度，或将淋浴间空间尺寸减小给壁龛做基层空间。

签字栏		
生产负责人	核算负责人	深化设计负责人
___年___月___日	___年___月___日	___年___月___日

模板

项目生产负责人及核算负责人需知晓，图示三方确认并签字，作为整套图纸调整的依据。

收线问题记录单（模板）

注：收线问题记录单主要用于记录现场收线问题，现场与图纸偏差超过 50 mm 时，需记录现场实际尺寸，写明出现偏差原因，并且由生产负责人、核算负责人、深化设计负责人共同对现场放线确认签字。

2）收线复核

复核定量、变量与主要空间长宽尺寸，因现场原因而造成尺寸变化时，以现场尺寸为准调整图纸。

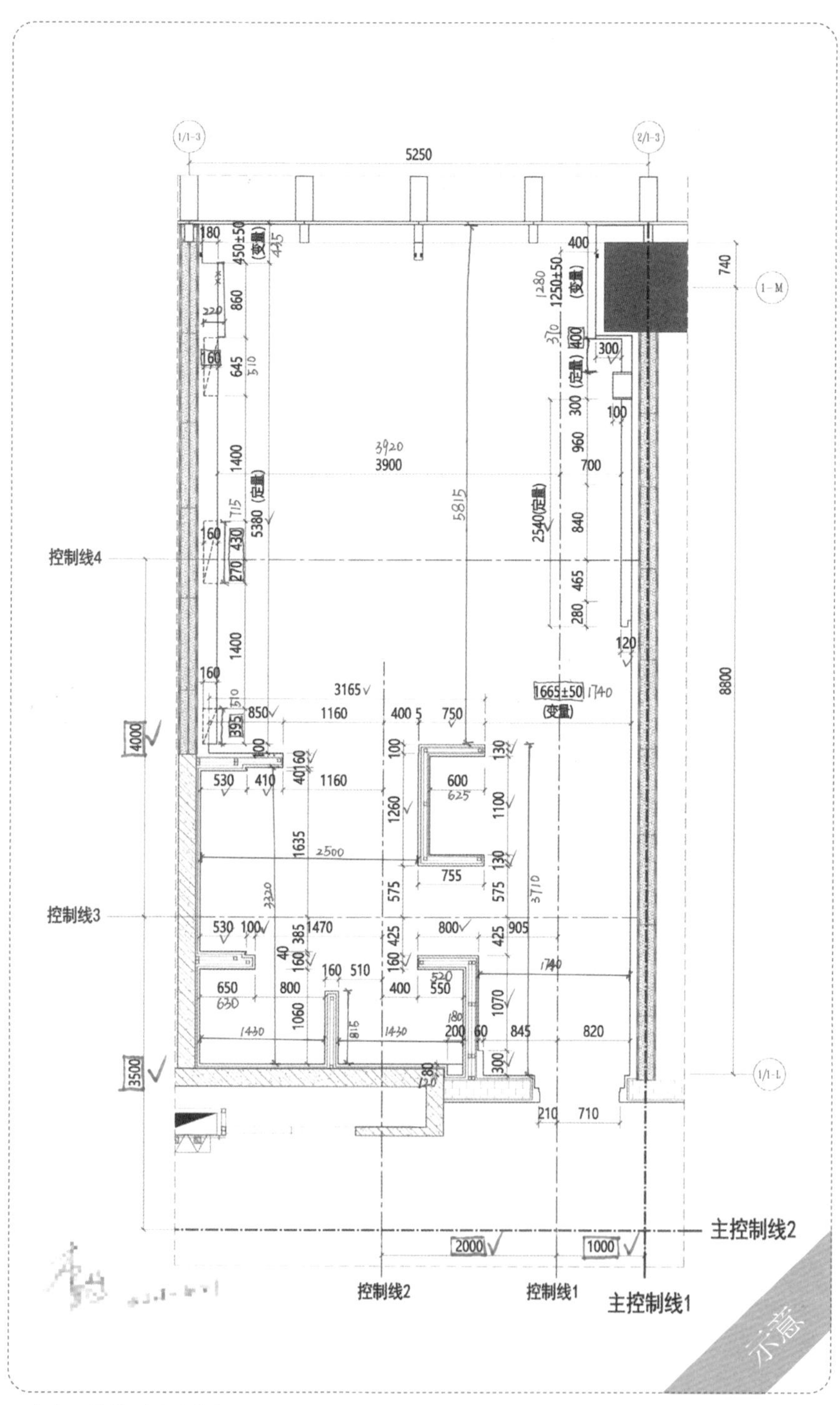

完成面收线图（示意）

实践要点

1. 首先复核房间主控制线是否与放线图一致，其次查看房间方正线、墙体到完成面厚度是否满足施工要求。

2. 复核房间总长总宽，记录与图纸偏差值，确保现场收线尺寸一致。

3. 复核固定尺寸是否与图纸尺寸一致、变量尺寸是否在区间范围内，按现场尺寸调整图纸。

现场复尺收线时打印放线图纸，在图纸上记录现场实际尺寸，现场收线图纸扫描或拍照后作为收线记录问题记录单附件上传深化平台，作为调整图纸的依据。

收线问题记录单　　SH-06 深化设计管理

1. 本表单用于深化设计师记录现场收线时相关问题。
2. 现场放线尺寸与图纸尺寸不一样需项目部确认。
3. 现场放线核对图纸扫描或拍照留底；本表单在动态管控表计划内上传深化平台，记入考核。

附件一（现场放线核对图纸扫描或照片）

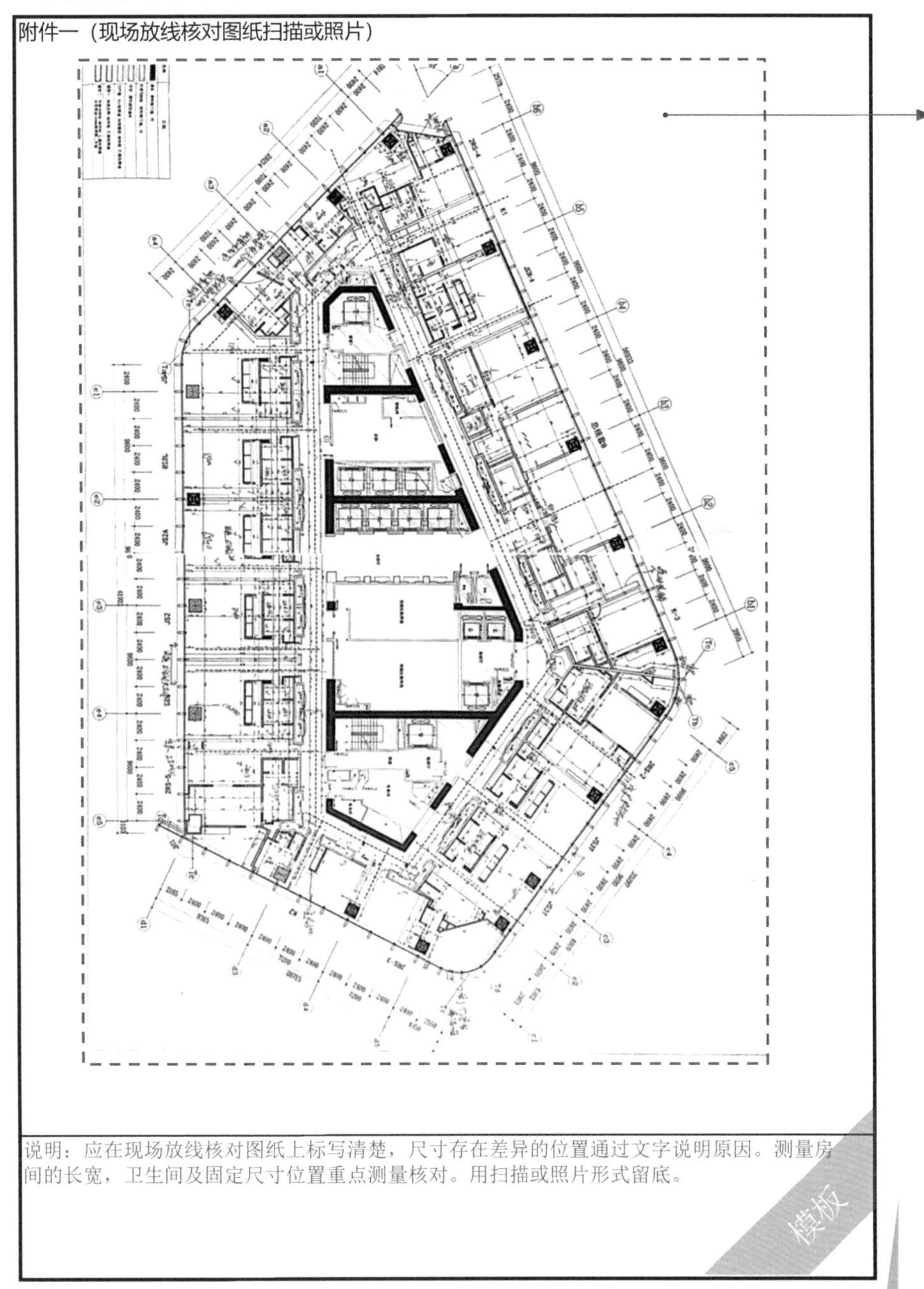

说明：应在现场放线核对图纸上标写清楚，尺寸存在差异的位置通过文字说明原因。测量房间的长宽，卫生间及固定尺寸位置重点测量核对。用扫描或照片形式留底。

模板

本附件在收线过程中记录相关问题，作为调整图纸的依据，以扫描或拍照形式留底存档并作为附件上传深化平台。

收线问题记录单（模板）

2.2.4 按现场尺寸调整母图

1）调整平面图

按现场尺寸调整完成面，放线阶段应结合现场情况核对平面布局是否满足使用功能，对平面方案进行优化调整；不断推敲平面尺寸，满足使用的同时更加人性化。

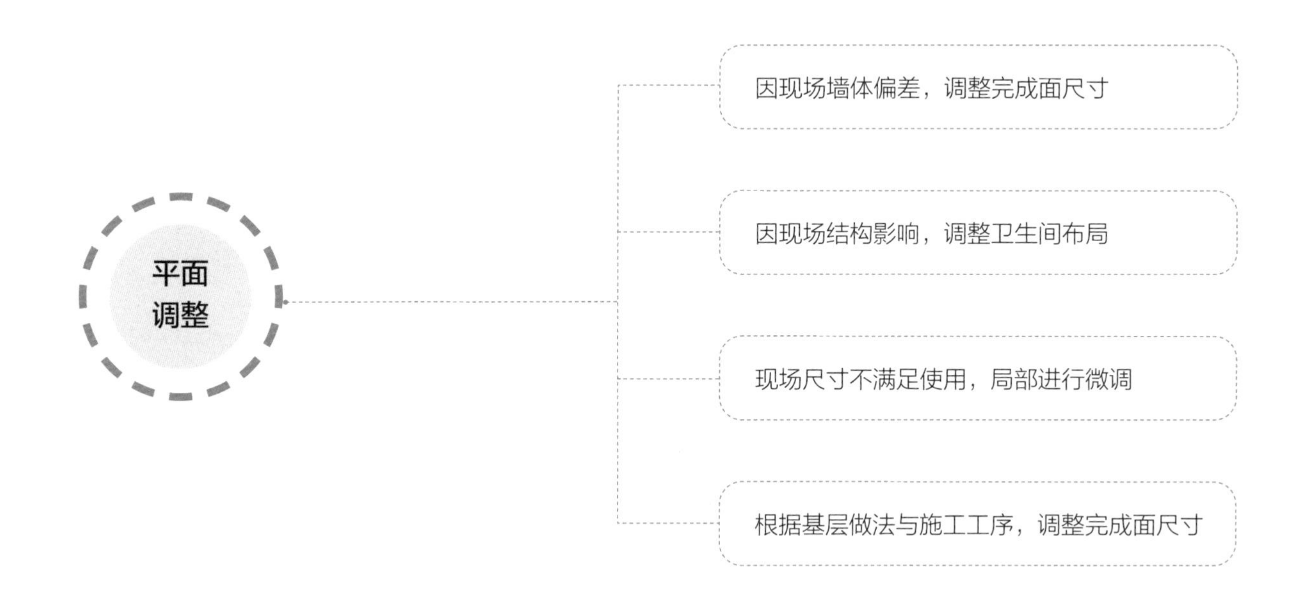

根据现场收线尺寸调整平面图，立面图做相应调整。

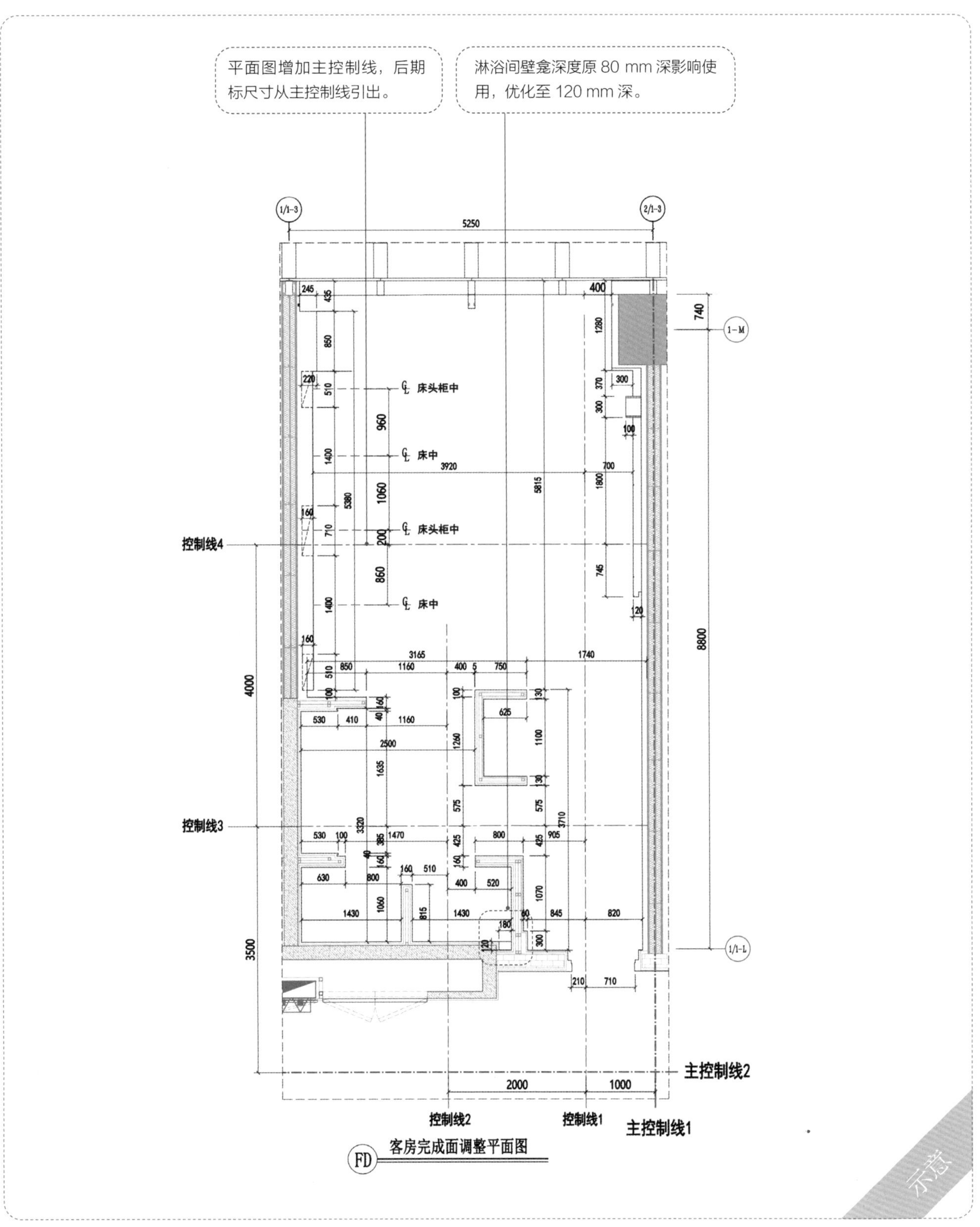

调整平面图（示意）

2）调整立面图

平面立面对应调整，完善立面图指导现场施工；复尺收线后调整母图作为绘制竣工母图第一步，避免后期调整竣工母图工作量大，不能按时完成。

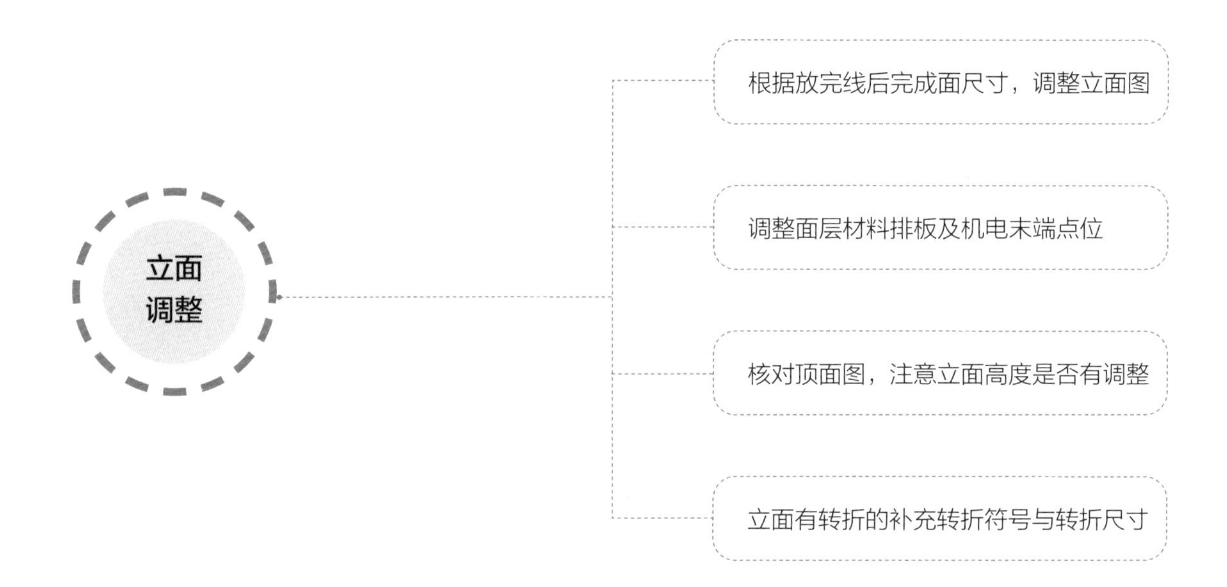

根据调整后的平面尺寸，立面图做相应调整；查漏补缺，核对统计缺失立面，补全立面图。

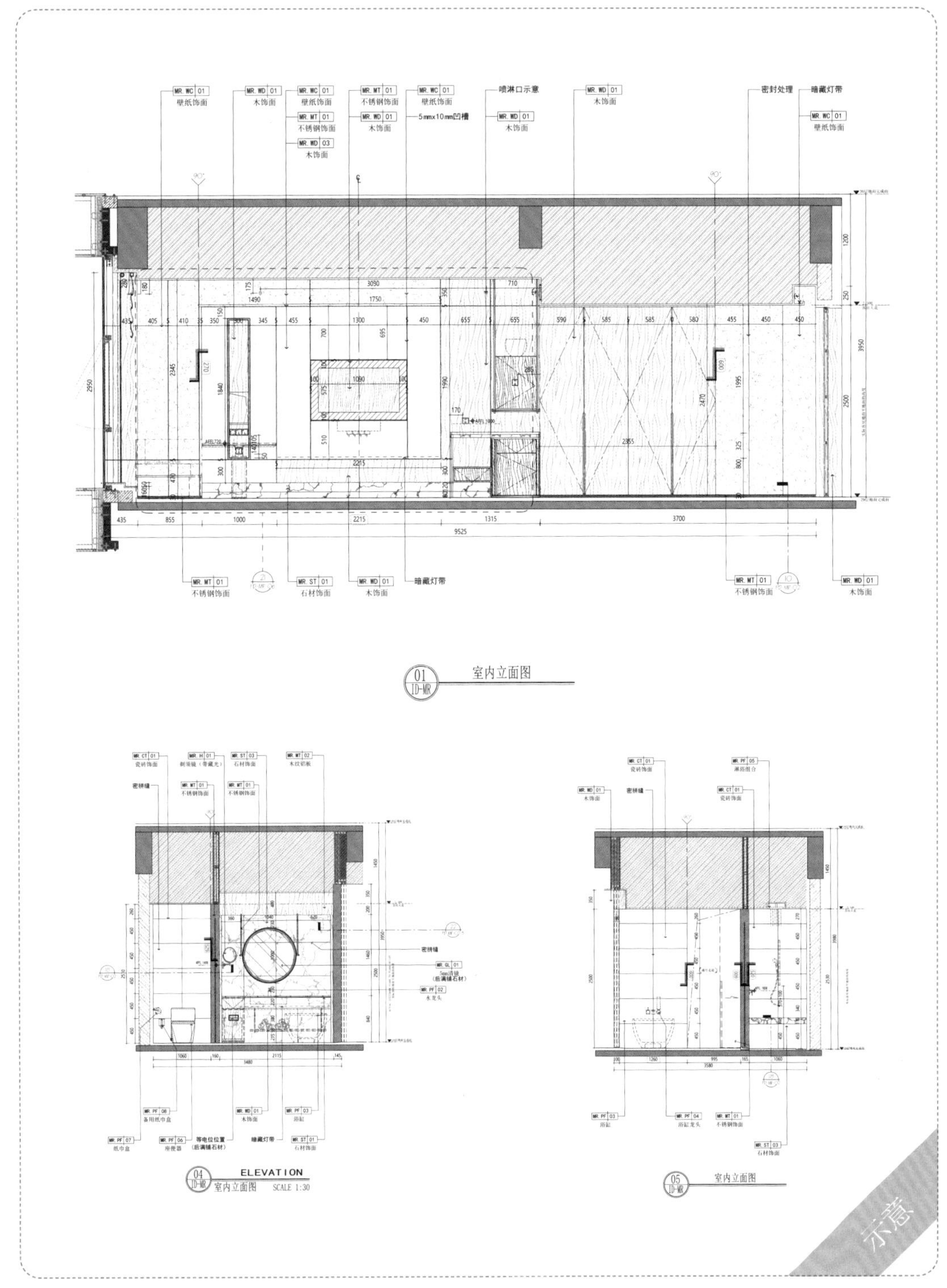

调整立面图（示意）

注：1. 根据现场收线尺寸调整立面图，立面图转折的补充转折符号和转折尺寸。
　　2. 根据面层材料的规格板幅进行预排板，按照居板面中原则调整机电末端点位。

阶段总结

基层做法清单是深化图纸的基础数据，项目内部要确认好基层做法及完成面尺寸，避免图纸反复调整与现场重复放线工作。

装饰主控制线是所有放线的参考依据，所有完成面标注以主控线引出，保证现场完成面线与落到图纸上能够相互对应。

放线的准确性是下单的基础，现场收线是下单图是否符合现场的关键。深化设计师、施工员、核算员共同对现场放线进行确认。对于施工放线。深化设计师需主动控制，只有自己亲自到现场收线掌握一手数据，后期综合天花与面层材料并深化排板图纸才有准确的数据支撑。

母图调整从收线工作开始，确保图纸与现场相符，指导现场施工，同时为竣工母图做准备。

2.3 综合布点——深化 30% ~ 50% 阶段

模拟项目工期为 16 周。

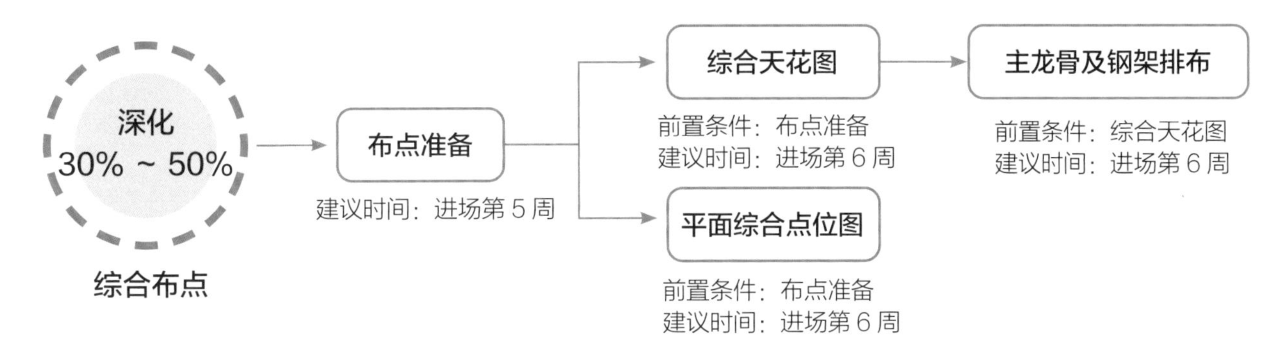

2.3.1 布点准备

为了综合布点排布更准确，前期需对图纸资料、现场建筑结构与机电管线进行核查，保证原始数据准确，并掌握建筑、消防布点规范原则，为综合布点做准备，快速准确推动综合布点工作。

综合布点的技术要点如下：

梳理机电管线路由的空间安装尺寸。

分析建筑结构主次梁规格尺寸。

结合设计造型尺寸完善顶面的基层做法。

考虑好顶面是否需要检修马道。

当吊杆长度超过 1.5 m 时应设置反支撑，吊顶内部空间大于 3 m 时，应设置型钢结构转换层。

搞清楚顶面龙骨规格（50 型 /60 型主龙骨，是否上人）。

GRG（玻璃纤维增强石膏）、玻璃等超重顶面材料需钢架加固。

考虑灯杯高度、空调设备尺寸、风口安装方式等机电设备相关问题，正常平顶造型完成面距机电高度需预留 250 mm。

如果需要安装大型吊灯，应按厂家资料提供的要求预留空间并进行顶部加固处理（加固方案需要建筑设计院出计算书进行验证）。

在深化综合天花图前需核查与综合天花相关资料的签收情况，主要是施工图 CAD 电子版，灯具手册，强电、弱电、给水排水、暖通、消防、智能化等专业最新版图纸资料，并确认已签收。

图纸签收记录单 SH-02 深化设计管理

1. 本表单于项目进场7日内由深化设计负责人填写图纸签收计划。
2. 本表单适用于项目启动阶段，对项目基础信息、造价、施工周期及深化工作推进有重大影响。务必认真填写。
3. 本表单由项目负责人指定专人负责保存，在进场7日内上传深化平台，记入考核。

图纸签收记录单								
项目名称：××项目			工管：第×工管管理公司			负责人：张××		
图纸分类	编号	主要内容	类型/版本	计划签收日期	实际签收日期	发图单位	收件人	备注
建筑资料	01	建筑图	CAD/第三版	2022.3.3	2022.3.3	建筑设计院	张××	
	02	结构图	CAD/第二版	2022.3.3	2022.3.3	建筑设计院	张××	
	03	幕墙图	CAD/第二版	2022.3.3	2022.3.3	建筑设计院	张××	
	04	一次机电图	CAD/第一版	2022.3.3	2022.3.3	建筑设计院	张××	
室内资料	05	招标图CAD电子版	CAD/第一版	2022.3.3	2022.3.2	业主单位	张××	
	06	施工蓝图CAD电子版	CAD/第一版	2022.3.5	2022.3.5	业主单位	张××	
	07	方案最终效果图	JPG/第一版	2022.3.5	2022.3.5	业主单位	张××	
	08	物料手册	PDF/第一版	2022.3.5	2022.3.7	业主单位	张××	
	09	灯具手册	PDF/第一版	2022.3.5	2022.3.7	业主单位	张××	
	10	五金手册	PDF/第一版	2022.3.5	2022.3.7	业主单位	张××	
	11	洁具手册	PDF/第一版	2022.3.5	2022.3.7	业主单位	张××	
二次机电资料	12	强电专业	CAD/第二版	2022.3.5	2022.3.5	设计院	张××	
	13	弱电专业	CAD/第二版	2022.3.5	2022.3.5	设计院	张××	
	14	给水排水专业	CAD/第二版	2022.3.5	2022.3.5	设计院	张××	
	15	暖通专业	CAD/第二版	2022.3.5	2022.3.7	设计院	张××	
	16	消防专业	CAD/第二版	2022.3.5	2022.3.7	设计院	张××	
	17	智能化专业	CAD/第二版	2022.3.5	2022.3.10	设计院	张××	
其他设计、设备专业资料	18	钢结构专业	CAD/第一版	2022.3.7	2022.3.7	设计院	张××	
	19	灯光专业	CAD/第一版	2022.3.7	2022.3.7	设计院	张××	
	20	声学专业	PDF/第一版	2022.3.7	2022.3.10	设计院	张××	
	21	导视专业	PDF/第一版	2022.3.7	2022.3.10	设计院	张××	
	22	软装专业	PDF/第一版	2022.3.7	2022.3.10	设计院	张××	
	23	艺术品专业	PDF/第一版	2022.3.7	2022.3.10	设计院	张××	
	24	厨房专业	CAD/第一版	2022.3.10	2022.3.14	专业厂家	张××	
	25	电梯专业	CAD/第一版	2022.3.10	2022.3.14	专业厂家	张××	
	26	旋转门专业	CAD/第一版	2022.3.10	2022.3.14	专业厂家	张××	
	27	电子屏幕专业	CAD/第一版	2022.3.10	2022.3.14	专业厂家	张××	
	28	嵌入式设备专业	PDF/第一版	2022.3.10	2022.3.14	专业厂家	张××	

模板

图纸签收记录单（模板）

完成现场建筑结构主次梁、机电管线标高勘测。

勘测现场建筑结构主梁和次梁尺寸

勘测现场风管标高

勘测现场消防主管标高

综合布点的基本原则及规范如下：

灯具：明确灯具规格型号，确定灯具与家具的对应关系，按空间、造型居中原则进行定位。

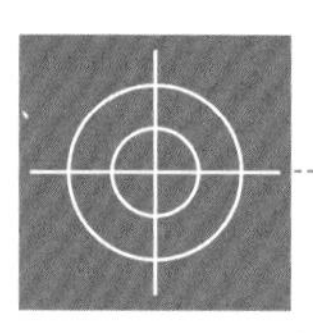

喷淋：与灯具在同一条水平线上，以两灯之间居中原则进行调整。下垂型标准覆盖面积洒水喷头，常用中危险级Ⅰ级，正方形布置最大喷头间距 3.6 m，喷头距墙间距最小 0.1 m，最大 1.8 m，喷头距灯具大于或等于 0.3 m。边墙型标准覆盖面积洒水喷头，轻危险级单排喷头的最大保护跨距 3.6 m，常用中危险级Ⅰ级，单排喷头的最大保护跨距 3 m，两排相对洒水喷头应交错布置。

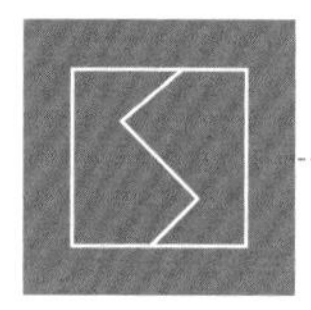

烟感温感：感温火灾探测器的安装间距不应超过 10 m；感烟火灾探测器的安装间距不应超过 15 m，探测器至墙壁、梁边的水平距离不应小于 0.5 m。探测器至送风口边水平距离不应小于 1.5 m，宜接近回风口安装。同灯具在同一条线上，居灯具与喷淋中间的原则。

背景音乐、消防喇叭：同种灯具在同一条水平线上，依照满足空间居边原则来进行调整，与业主沟通，将两种功能喇叭选用同一种类型，保证天花效果统一。

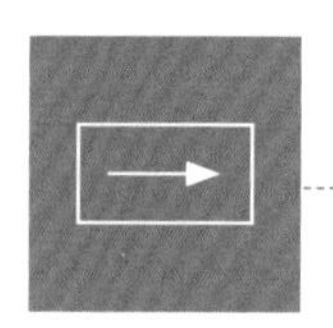

疏散指示、安全出口：疏散指示按照规范要求，按墙面造型居中原则微调；安全出口应设在出入口、疏散门上方，底边距地面不低于 2 m。方向标志灯的标志面与疏散方向垂直时，灯具的设置间距不应大于 20 m；方向标志灯的标志面与疏散方向平行时，灯具的设置间距不应大于 10 m。为保持视觉连续，标志灯设置在疏散走道、疏散通道地面的中心位置，灯具的设置间距不应大于 3 m。

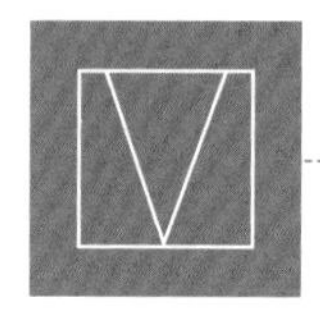

检修口：与灯具在同一条水平线上，以满足空间居边原则进行调整，前期对空调定位时就需考虑检修口位置，保证美观的同时兼具上人检修功能。

2.3.2 综合天花图

1）综合天花定位图

综合消防、空调、暖通、强弱电、智能化等专业的顶面末端点位，在满足消防规范的前提下，根据灯光效果对顶面末端点位进行优化，确保使用功能及整体美观原则。

图纸深化技术要点如下：

核对机电图纸（灯光、暖通、消防、智能化、强弱电专业进行叠图）。

在满足消防规范的前提下尽量保证效果。

综合天花末端要保证对中对缝的原则。

建议以灯为核心点位调整其他机电点位。

建议由业主组织各专业会签综合天花图。

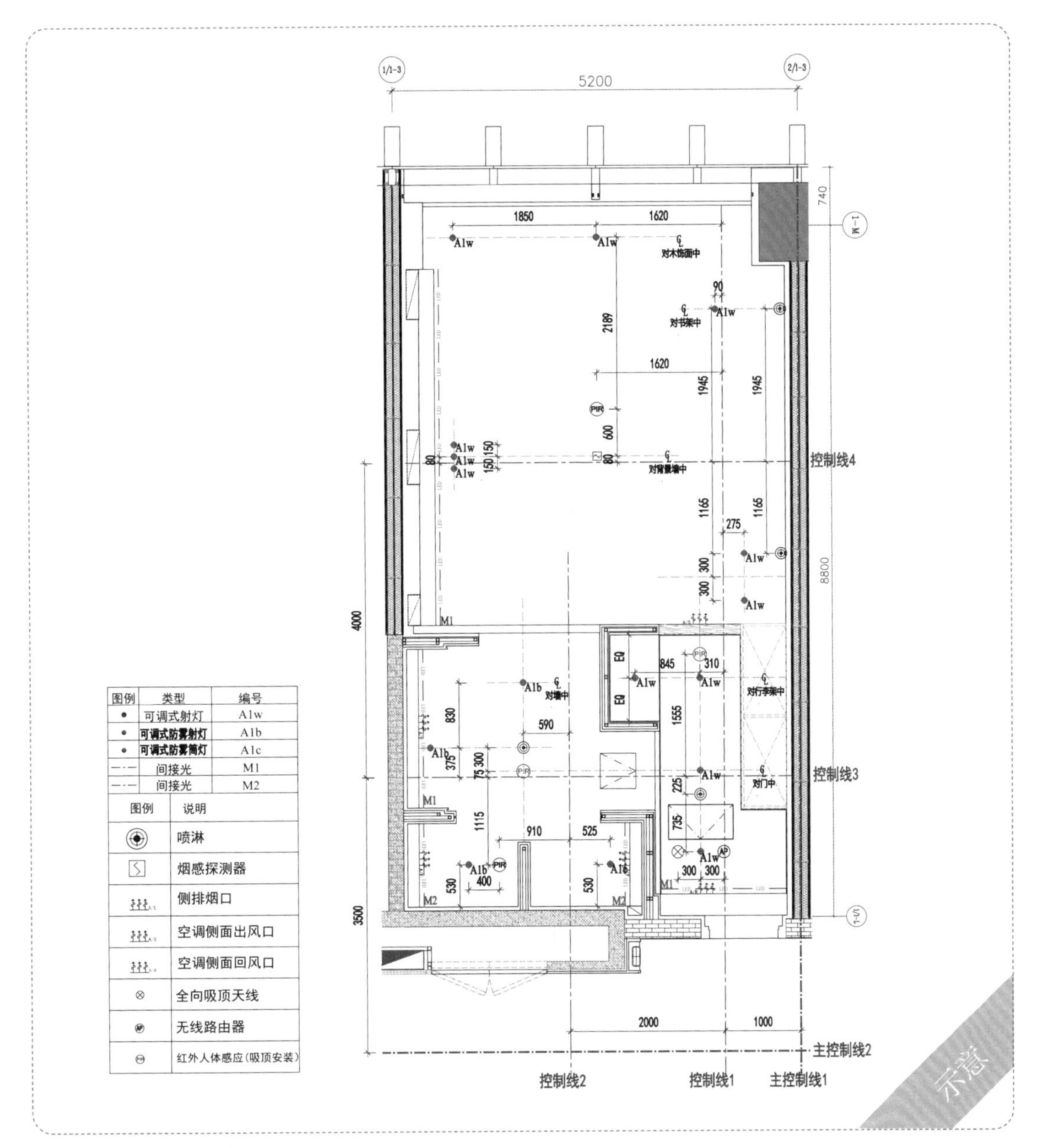

综合天花定位图（示意）

实践要点

1. 首先找到灯具与平面家具功能对应关系，如走道中、桌面中、台盆中、浴缸中等。

2. 边墙喷头，常用中危险级 I 级，单排喷头的最大保护跨距 3.0 m，两排相对洒水喷头应交错布置。

3. 感温火灾探测器的安装间距不应超过 10 m；感烟火灾探测器的安装间距不应超过 15 m，应与喷淋在同一条线上，满足灯具与喷淋居中原则。

4. 背景音乐、消防喇叭灯具以与喷淋居中原则进行调整，与业主沟通，将两种功能喇叭选用同一种类型，保证天花效果统一。

5. 无线 AP（无线网络的接入点）尽量放置在检修口附近，不要选取不锈钢、铝板饰面，以免影响信号强度。

6. 红外感应 IR（红外传感器）设计在入口处，与入口间距不大于 1.2 m。

7. 检修口在灯具同一水平线做加固处理，避免设置在天花中心区域，尽量放置在隐蔽处。

2）天花造型定位图

明确定位天花高低造型尺寸，准确定位天花造型。

图纸深化技术要点如下：

梳理机电管线路由的空间安装尺寸。

分析建筑结构梁位规格尺寸，核查其是否影响天花造型。

结合设计造型尺寸完善顶面的基层做法。

窗帘盒需做加固处理，电动窗帘盒宽度不应小于 200 mm。

注意天花造型定量与变量的控制。

注：顶面基层做法可参考相关顶面节点图集。

实践要点

1. 明确墙面与天花的关系，确定墙面或天花的留槽工艺。
2. 梳理机电管线路由，分析建筑结构梁位规格尺寸与天花造型的关系，确定天花最高点与最低点。
3. 根据调整后完成面尺寸调整天花造型，注意沿墙灯槽宽度与翻边尺寸，保证灯具的安装空间。
4. 详细标注天花材质及标高尺寸，不同材质造型需标注完整。

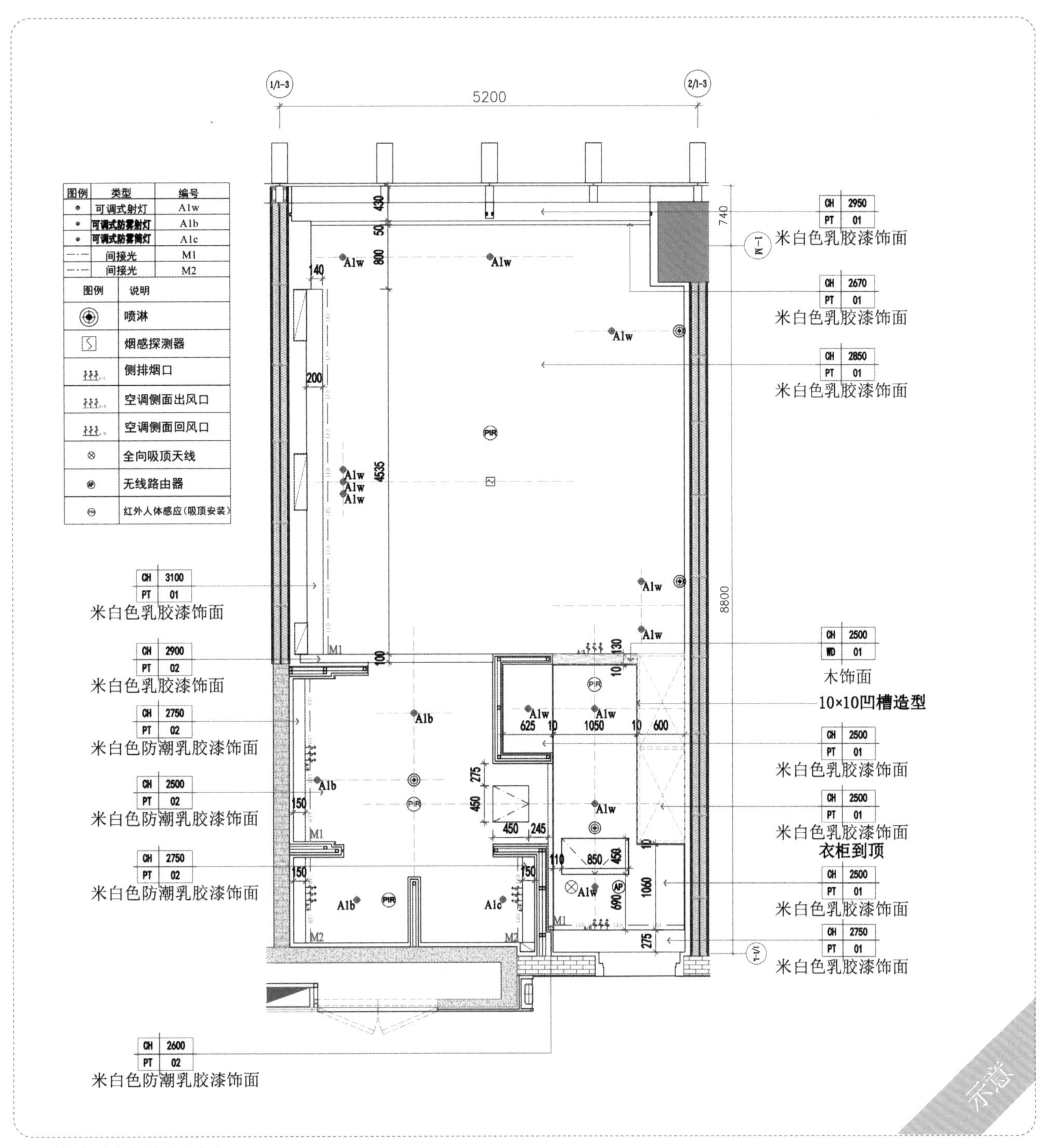
5200
1/1-3
2/1-3
图例 类型 编号
可调式射灯 A1w
可调式防雾射灯 A1b
可调式防雾筒灯 A1c
间接光 M1
间接光 M2
图例 说明
喷淋
烟感探测器
侧排烟口
空调侧面出风口
空调侧面回风口
全向吸顶天线
无线路由器
红外人体感应（吸顶安装）
CH 2950 PT 01
米白色乳胶漆饰面
CH 2670 PT 01
米白色乳胶漆饰面
CH 2850 PT 01
米白色乳胶漆饰面
CH 3100 PT 01
米白色乳胶漆饰面
CH 2900 PT 02
米白色乳胶漆饰面
CH 2750 PT 02
米白色防潮乳胶漆饰面
CH 2500 PT 02
米白色防潮乳胶漆饰面
CH 2750 PT 02
米白色防潮乳胶漆饰面
CH 2500 WD 01
木饰面
10×10凹槽造型
CH 2500 PT 01
米白色乳胶漆饰面
CH 2500 PT 01
米白色乳胶漆饰面
衣柜到顶
CH 2500 PT 01
米白色乳胶漆饰面
CH 2750 PT 01
米白色乳胶漆饰面
CH 2600 PT 02
米白色防潮乳胶漆饰面
740
8800
4535
示意

天花造型定位图（示意）

3）顶面灯具定位图

明确灯具规格型号，确定灯具与家具对应关系，准确定位顶面灯具位置。

图纸深化技术要点如下：

梳理灯具的型号参数，灯具的开孔尺寸，灯杯高度。

灯具在顶面的位置要核对平面家具对应关系，墙面艺术品点位要综合考虑与灯光角度的关系。

灯具的控制及参数要注意结合智能化图纸。

通过轴线和控制线提前策划灯具位置，避开龙骨及预埋设备。

实践要点

1. 根据灯具手册完善灯具编号，灯带需标注长度。
2. 根据灯光专业图纸核对平面功能布局与灯具对应关系，墙面艺术品点位综合考虑灯光角度关系。
3. 灯具尺寸标注详细，需从主控线引出标注。
4. 灯具需按实物进行开孔，核实灯杯高度，注意机电管线是否影响灯具安装。

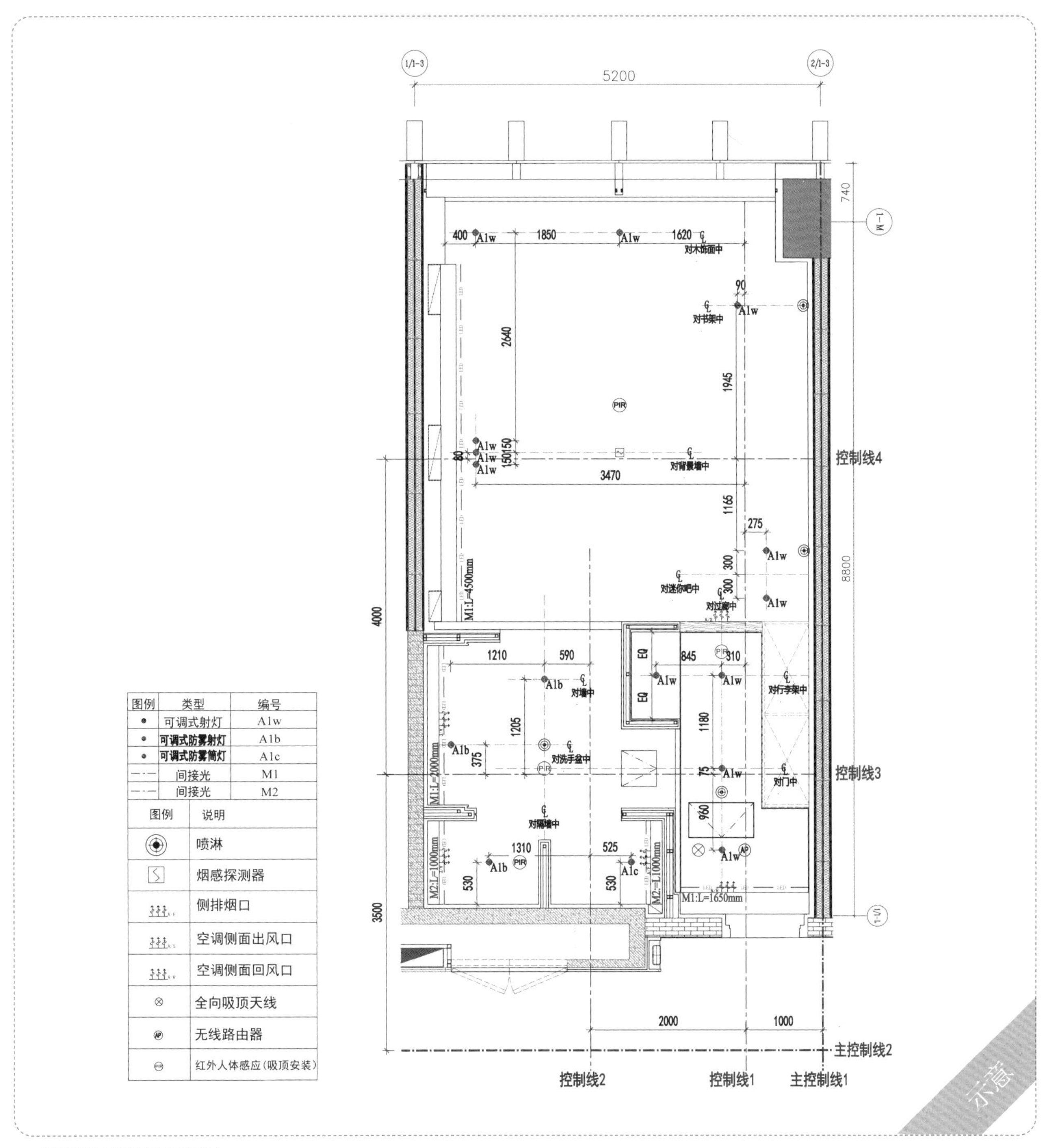

图例	类型	编号
•	可调式射灯	A1w
•	可调式防雾射灯	A1b
•	可调式防雾筒灯	A1c
—·—	间接光	M1
—·—	间接光	M2

图例	说明
◎	喷淋
S	烟感探测器
	侧排烟口
	空调侧面出风口
	空调侧面回风口
⊗	全向吸顶天线
AP	无线路由器
PIR	红外人体感应（吸顶安装）

顶面灯具定位图（示意）

2.3.3 平面综合点位图

平面综合点位图需要综合各专业墙面末端点位，确保使用功能整体美观原则。

图纸深化技术要点如下:

核对机电图纸（强电，弱电，智能化）。

在满足规范的前提下保证排板效果。

根据面层材质板幅调整墙面排板，相应调整墙面末端点位。

平面综合点位末端要保证对中对缝的原则。

建议由业主组织各专业负责人会签平面综合点位图。

实践要点

1. 根据开关面板手册明确连体还是分体面板，统一标注面板底口距地高度。

2. 关注面层材料排板，机电点位需以居造型中或板面中的原则定位，左右并列与上下关系需表示清晰，明确面板之间是留缝还是密拼。

3. 注意灯带出线方式是留线还是留线盒，出线位置需隐蔽；卫生间等电位需隐蔽，且排板满足要求，例如坐便器对应插座需按洁具安装手册要求进行定位。

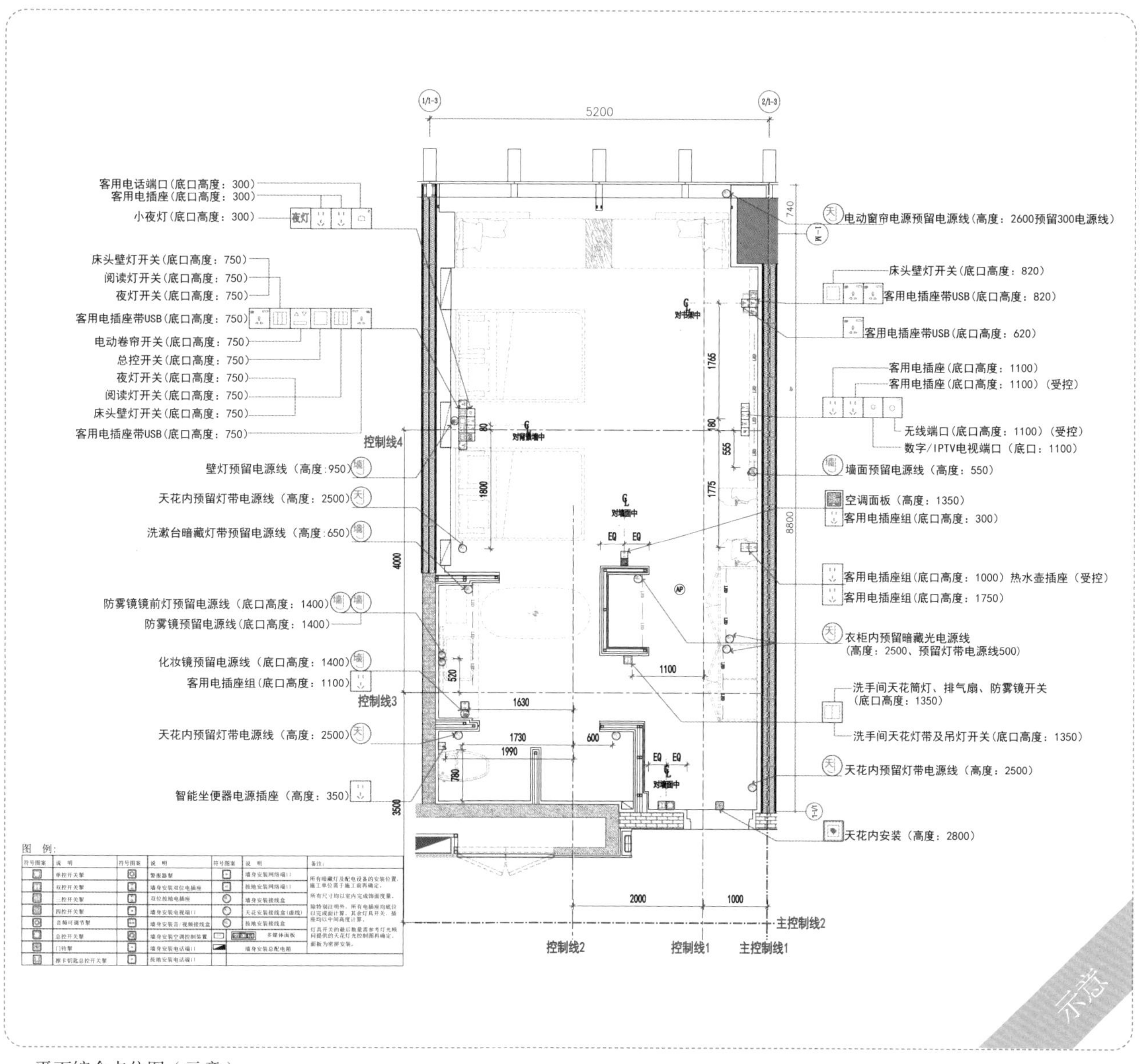

平面综合点位图（示意）

综合布点——深化 30% ~ 50% 阶段

2.3.4 主龙骨及钢架排布

天花主龙骨排布是根据综合天花点位排布原则，策划主龙骨排布位置，避免后期灯具开孔、设备开洞与主龙骨冲突。

排布技术要点如下：

主龙骨排布间距 900 ~ 1100 mm，次龙骨间距 400 mm。主龙骨与墙面间距不超过 300 mm，应在平行房间长边的方向排布主龙骨。

天花机电风管宽度超过 1200 mm 时需做钢架转换层。一般酒店走道天花管线较多，主龙骨无法安装需要做钢架转换层。

通过轴线和控制线提前策划灯具位置，主龙骨排布应避开设备开洞及灯具位置。

检修口四边采用次龙骨进行加固，吊灯位置用基层板进行加固，大型吊灯采用钢架基层 + 专用吊钩进行加固处理。

天花顶面面积大于 100 m^2 或单边长度大于 12 m 时，应设置伸缩缝。

实践要点

1. 主龙骨排布平行于房间长边方向，需提前策划避开灯具位置，用单线表示主龙骨。
2. 检修口四边、吊灯位置需做加固处理。
3. 天花顶面面积大于 100 m^2 或单边长度大于 12 m 时，应设置伸缩缝，主龙骨需断开。
4. 当吊杆长度超过 1.5 m 时应设置反支撑，吊顶内部空间大于 3 m 时，应设置型钢结构转换层。

1）天花主龙骨排布图

主龙骨按平行于长边方向排布，顶面风管宽度大于 1100 mm 时需做钢架转换层，吊灯、检修口处需加固。

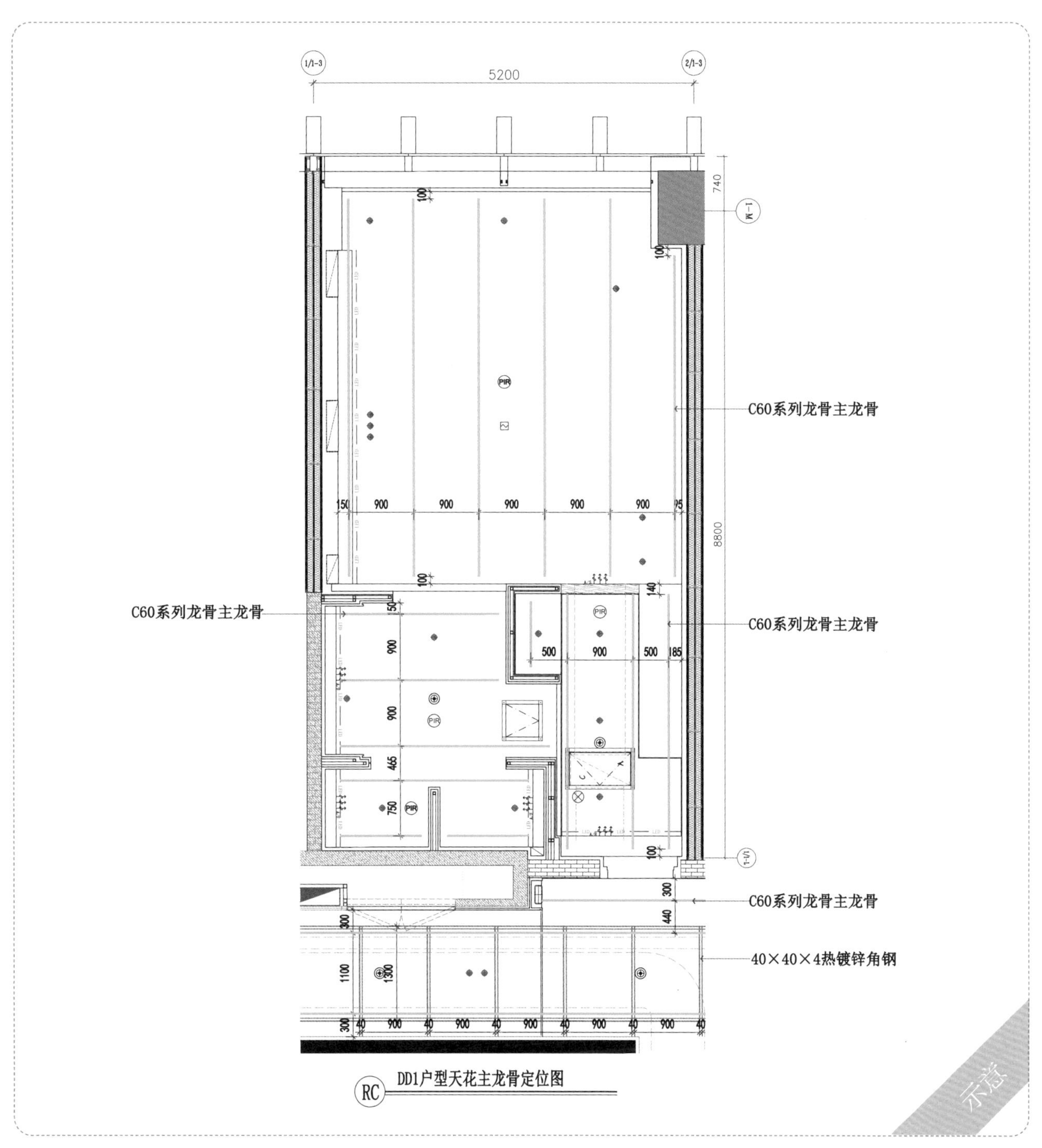

天花主龙骨排布图（示意）

2）主龙骨排布做法

吊顶检修口应采用成品检修口，其规格需满足检修要求，周边龙骨应做加固处理。

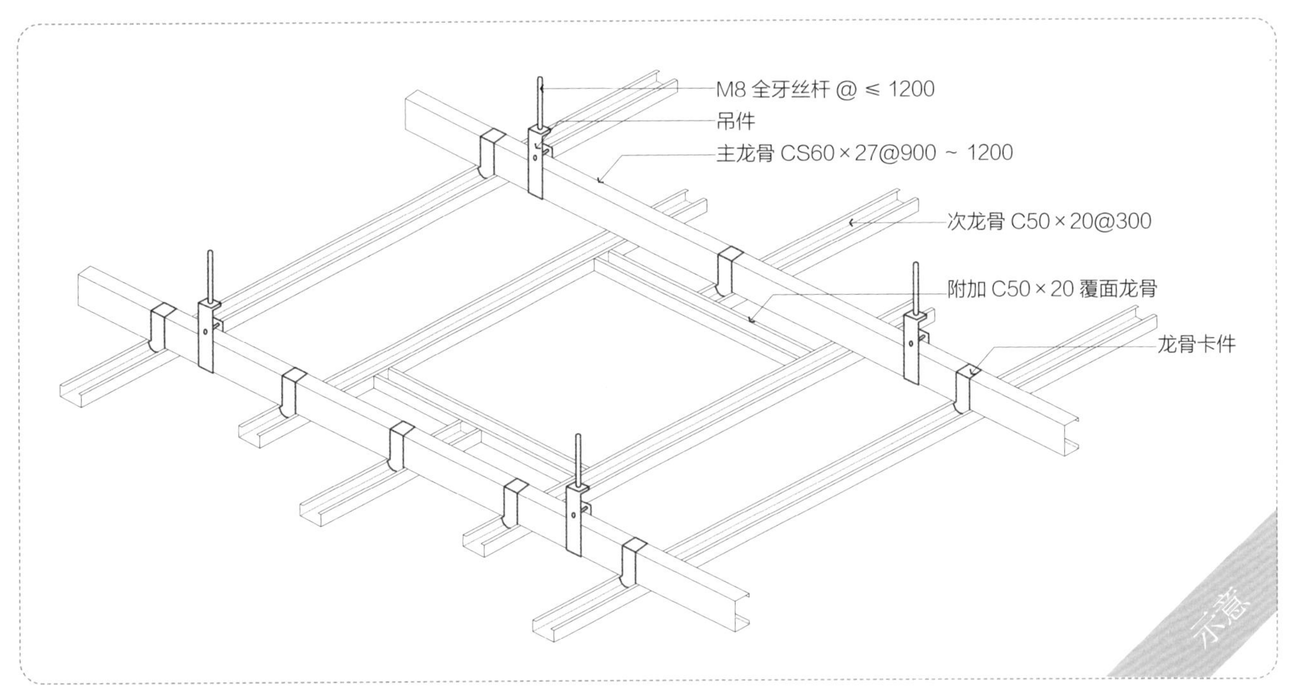

检修口加固（示意）

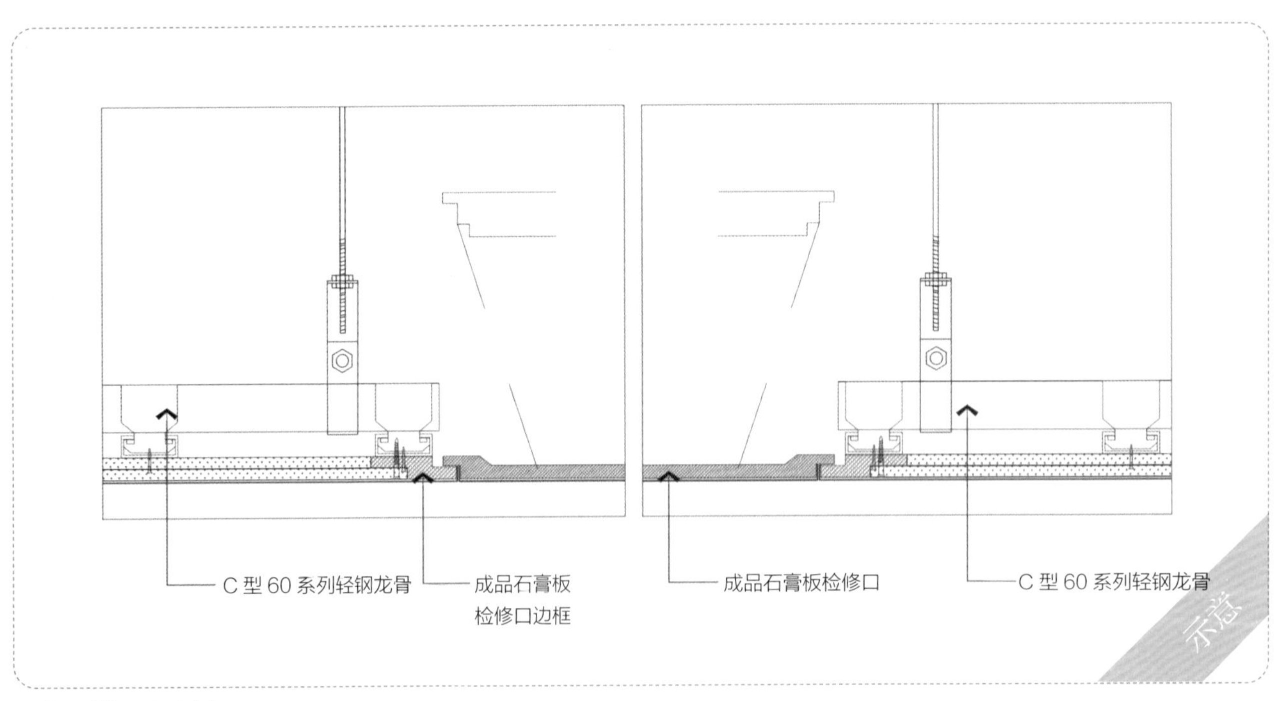

成品检修口（示意）

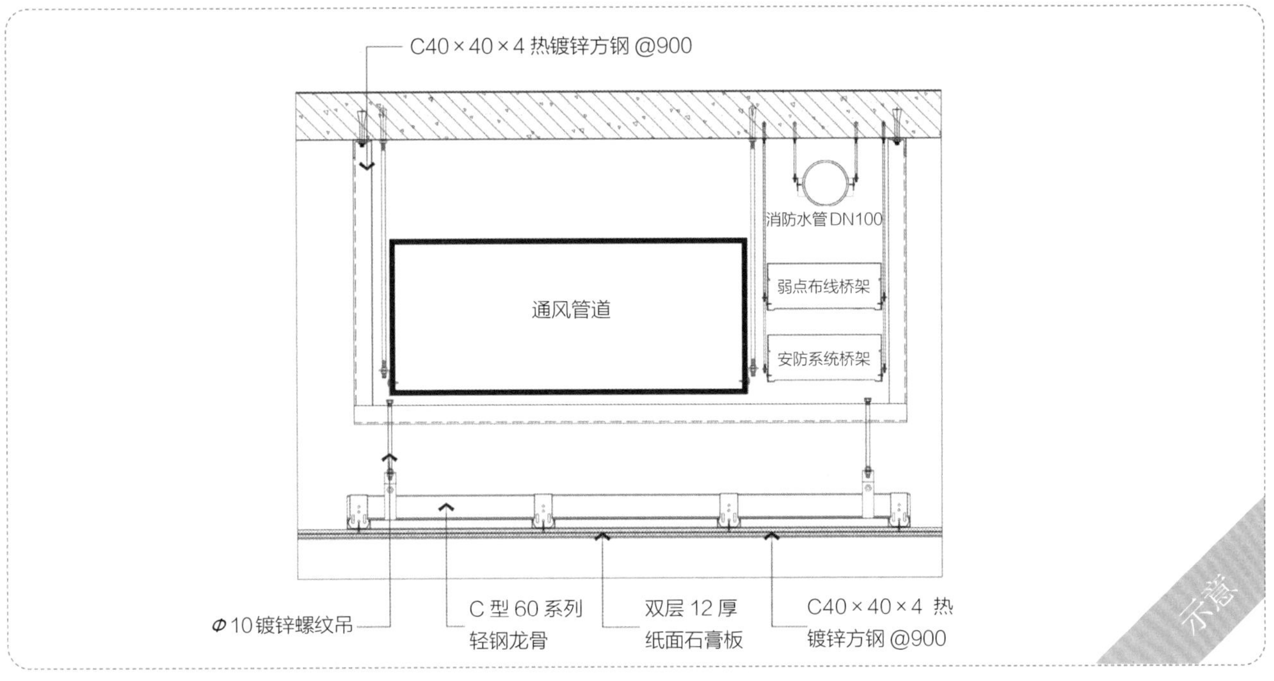

走道钢架转换层节点详图（示意）

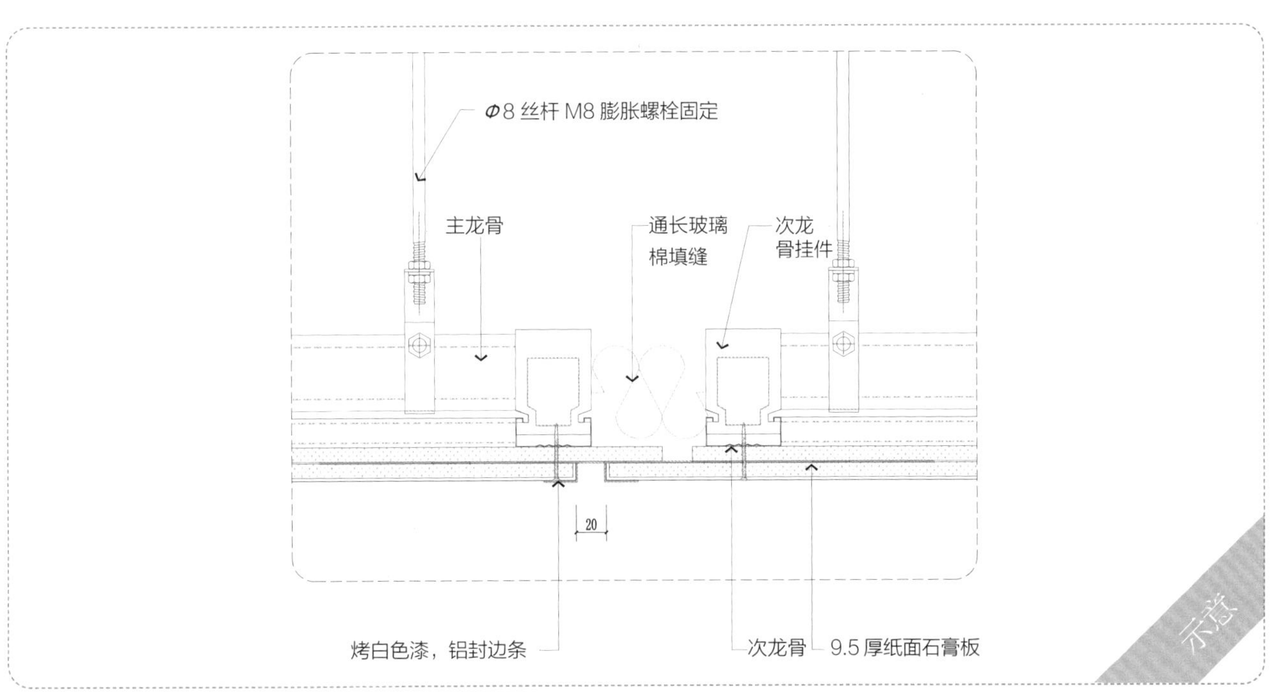

吊顶伸缩节点详图（示意）

阶段总结

布点准备需确保签收资料为最新版本，需与业主核对版本号是否有误，深化设计师要到现场勘测建筑结构、机电管线标高，掌握第一手数据。

综合天花涉及专业较多，考验深化设计师专业能力与协调能力，要组织各专业负责人对综合天花图纸进行会签，作为现场施工统一依据图。

平面综合点位需结合墙面排板图定位，确定面板底口高度与定位原则，满足使用功能，同时兼具美观效果。

根据综合点位排布原则，需对主龙骨进行排布，避免主龙骨与灯具点位冲突，关注截面较大风管底部空间是否满足灯具安装高度。现场对综合点位进行强制定位，过程中跟进现场施工，及时进行校对及纠偏措施。

2.4 下单图审——深化 50% ~ 80% 阶段

模拟项目工期为 16 周。

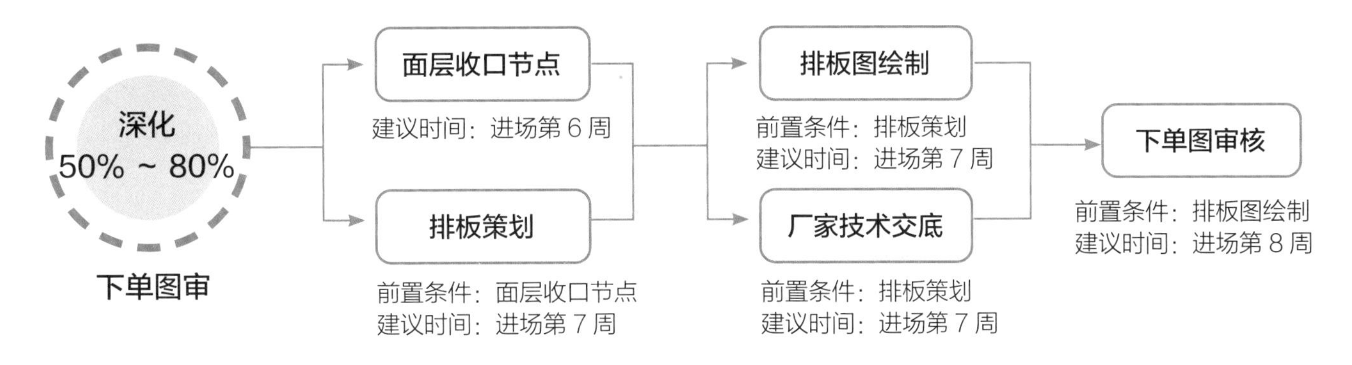

2.4.1 面层收口节点

墙面与顶面的收口，深化图纸前要明确是顶面留工艺槽还是墙面留凹槽；墙面与踢脚线的收口，需要明确安装方式和施工顺序，注意踢脚线与门套的关系。先确定大面收口关系，然后推敲内部造型细部做法。对于复杂节点可以使用三维建模软件进行施工模拟推演，提前优化各面层节点收口，以便下单控制和后期安装。

墙上留凹槽（示意）

顶上留工艺槽（示意）

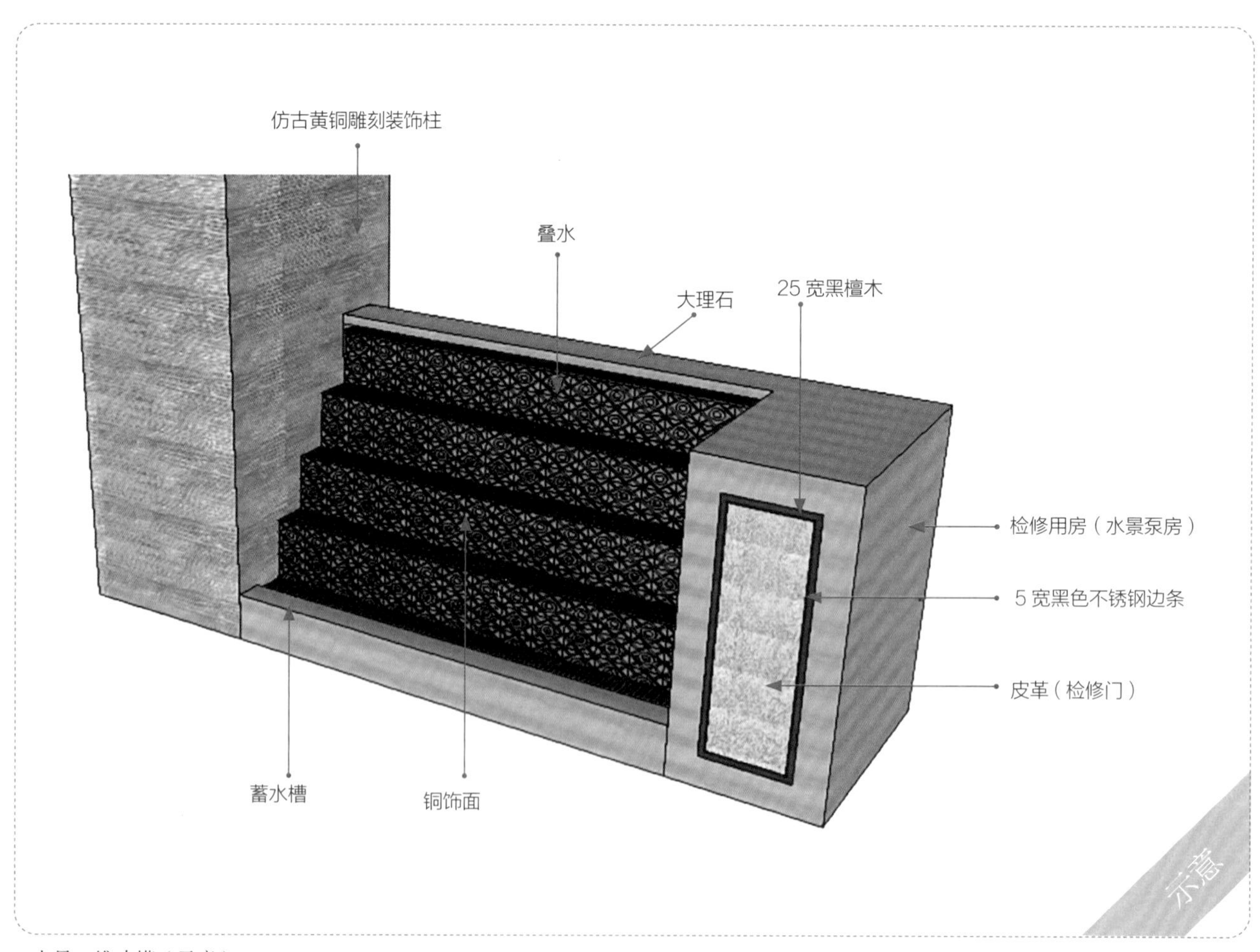

水景三维建模（示意）

不同材质在同一平面上，首先，要确定施工工序收口材料的使用顺序，避免面层材料硬收，常规做法有木饰面、石材留工艺槽侧面见光，不锈钢线条突出完成面 2 ~ 3 mm 做法。其次，深化节点时还须考虑功能场景，暗藏灯带做法方式多样，需保证灯带照亮背景，并且发光柔和不眩光。最后，面层节点深化不仅要满足功能使用还须考虑后期维护，针对常用面层做法，具体可参考相关面层收口图集。

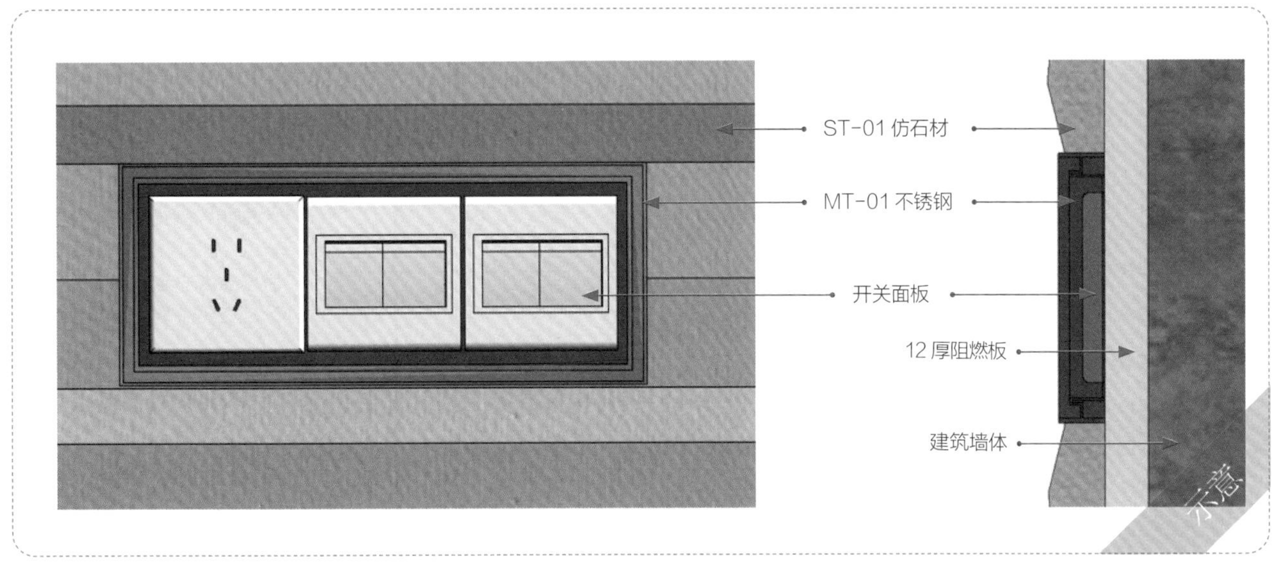

不锈钢面板底盒立面图与剖面图（示意）

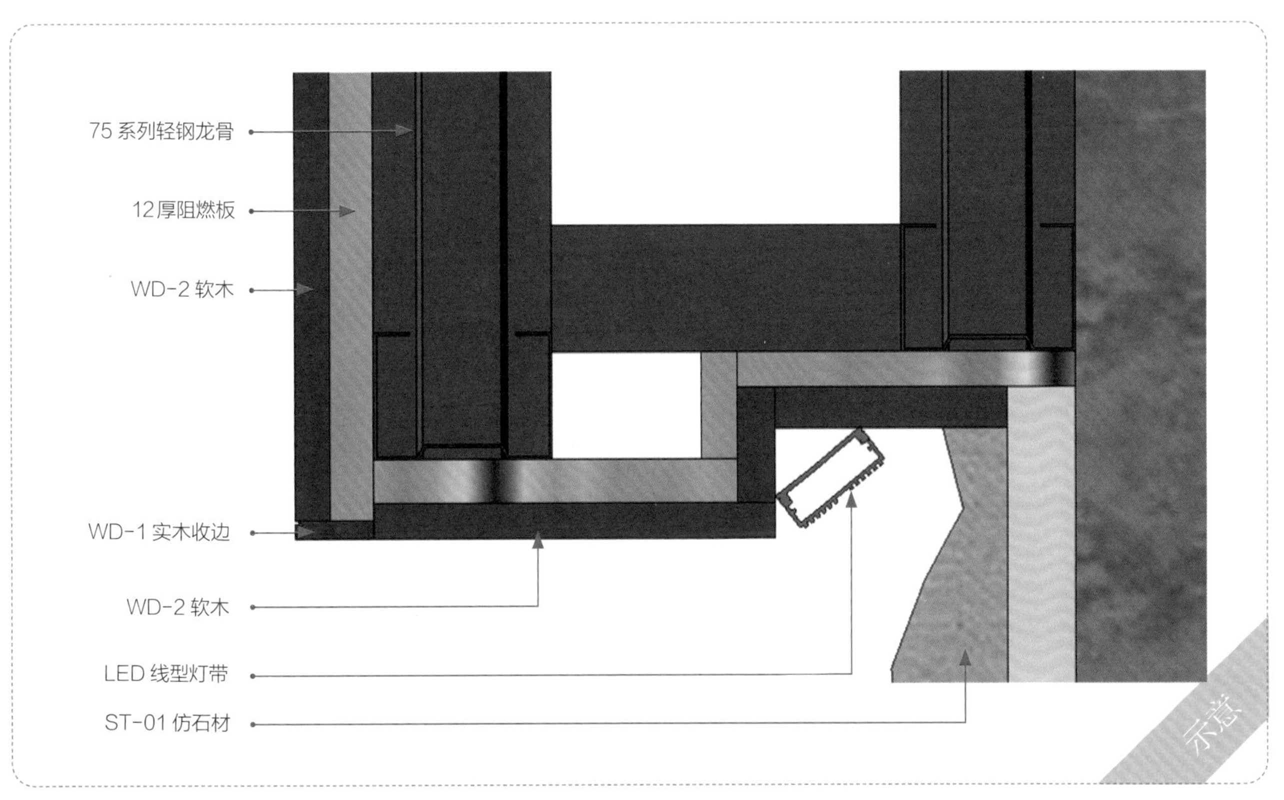

床背景灯带节点（示意）

2.4.2 排板策划

排板策划会议记录单即根据项目策划输出排板要求，依据材料规格特性确认工艺做法及安装方式，并且结合原设计方案确定排板原则，优化排板，降低损耗，在项目部内部形成的统一意见，以此作为深化主材排板依据。

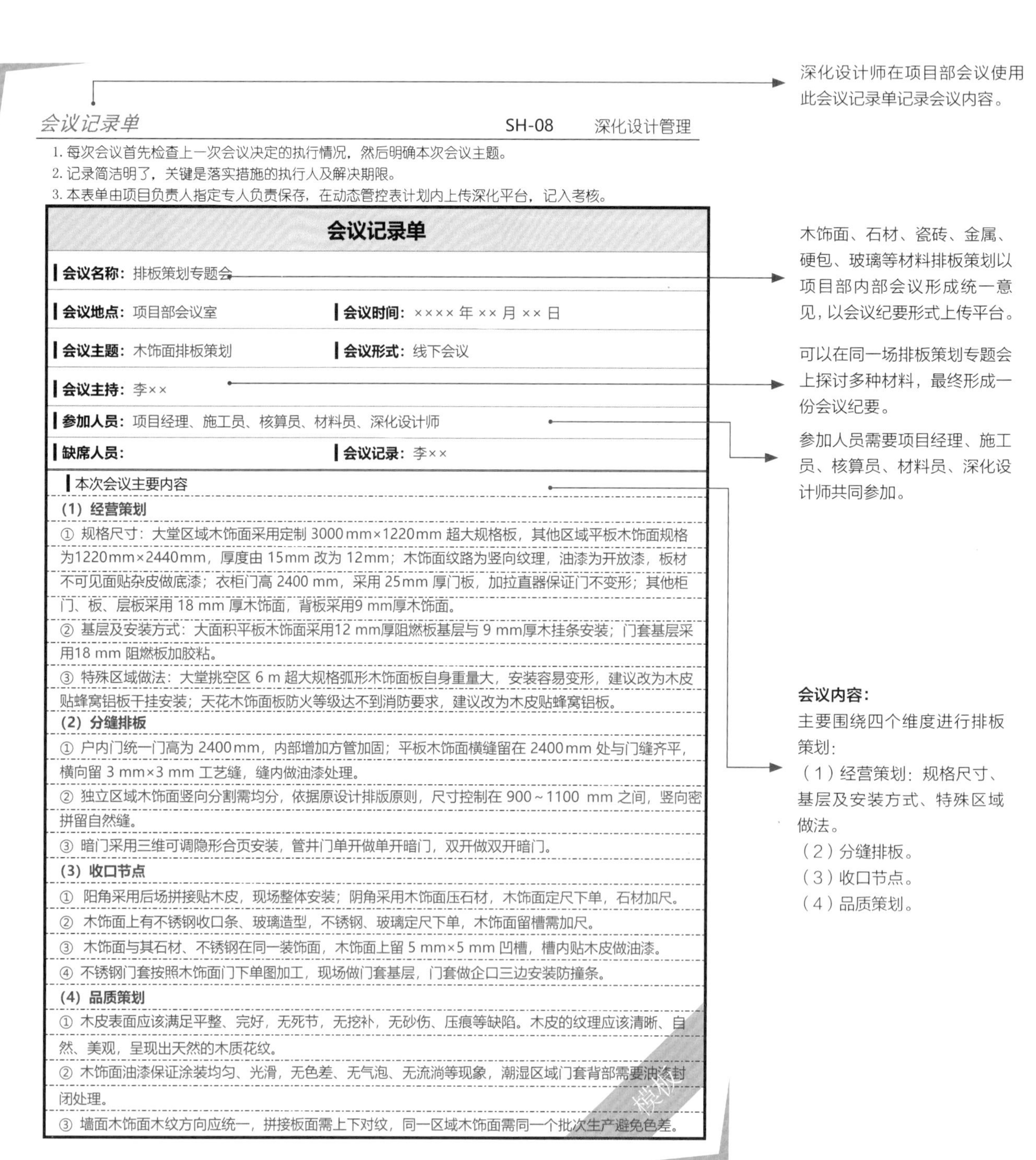

会议记录单　SH-08　深化设计管理

1. 每次会议首先检查上一次会议决定的执行情况，然后明确本次会议主题。
2. 记录简洁明了，关键是落实措施的执行人及解决期限。
3. 本表单由项目负责人指定专人负责保存，在动态管控表计划内上传深化平台，记入考核。

会议记录单	
会议名称：排板策划专题会	
会议地点：项目部会议室	**会议时间**：×××× 年 ×× 月 ×× 日
会议主题：木饰面排板策划	**会议形式**：线下会议
会议主持：李××	
参加人员：项目经理、施工员、核算员、材料员、深化设计师	
缺席人员：	**会议记录**：李××

本次会议主要内容

（1）经营策划

① 规格尺寸：大堂区域木饰面采用定制 3000mm×1220mm 超大规格板，其他区域平板木饰面规格为1220mm×2440mm，厚度由 15mm 改为 12mm；木饰面纹路为竖向纹理，油漆为开放漆，板材不可见面贴杂皮做底漆；衣柜门高 2400 mm，采用 25mm 厚门板，加拉直器保证门不变形；其他柜门、板、层板采用 18 mm 厚木饰面，背板采用9 mm厚木饰面。

② 基层及安装方式：大面积平板木饰面采用12 mm厚阻燃板基层与 9 mm厚木挂条安装；门套基层采用18 mm 阻燃板加胶粘。

③ 特殊区域做法：大堂挑空区 6 m 超大规格弧形木饰面板自身重量大，安装容易变形，建议改为木皮贴蜂窝铝板干挂安装；天花木饰面板防火等级达不到消防要求，建议改为木皮贴蜂窝铝板。

（2）分缝排板

① 户内门统一门高为 2400mm，内部增加方管加固；平板木饰面横缝留在 2400mm 处与门缝齐平，横向留 3 mm×3 mm 工艺缝，缝内做油漆处理。

② 独立区域木饰面竖向分割需均分，依据原设计排版原则，尺寸控制在 900～1100 mm 之间，竖向密拼留自然缝。

③ 暗门采用三维可调隐形合页安装，管井门单开做单开暗门，双开做双开暗门。

（3）收口节点

① 阳角采用后场拼接贴木皮，现场整体安装；阴角采用木饰面压石材，木饰面定尺下单，石材加尺。

② 木饰面上有不锈钢收口条、玻璃造型，不锈钢、玻璃定尺下单，木饰面留槽需加尺。

③ 木饰面与其石材、不锈钢在同一装饰面，木饰面上留 5 mm×5 mm 凹槽，槽内贴木皮做油漆。

④ 不锈钢门套按照木饰面门下单图加工，现场做门套基层，门套做企口三边安装防撞条。

（4）品质策划

① 木皮表面应该满足平整、完好，无死节，无挖补，无砂伤、压痕等缺陷。木皮的纹理应该清晰、自然、美观，呈现出天然的木质花纹。

② 木饰面油漆保证涂装均匀、光滑，无色差、无气泡、无流淌等现象，潮湿区域门套背部需要油漆封闭处理。

③ 墙面木饰面木纹方向应统一，拼接板面需上下对纹，同一区域木饰面需同一个批次生产避免色差。

排板策划会议记录单（木饰面）（模板）

注：会议内容主要围绕四个维度进行排板策划，形成会议纪要，深化设计其他会议也可以使用本表单。

排板策划的技术要点如下：

项目策划：根据原材料的规格尺寸确定成品的规格板幅，确认工艺做法及安装方式，根据策划中的策划点输出排板原则。如果传统做法有隐患，需进行工艺升级，则要保证安全可靠；对单方造价较高的材料，需要通过优化排板降低损耗来控制成本。

分缝排板：根据主材规格尺寸并结合设计排板原则，合理优化分缝排板，控制板幅尺寸，提高出材率；明确分缝对应关系，保证品质效果。

收口节点：确定阴阳角收口的施工工序、工艺做法；明确工艺缝加工要求和复杂造型收口处理方式；根据施工工序的先后顺序，对地面与墙面材质收口进行梳理。

品质策划：需要考虑表面纹理是否需要对纹，明确板面间缝隙宽度及填缝要求，防止面层变形，明确是否需要设置伸缩缝，石材表面是否需要打磨结晶。

定量与变量：尽量统一规格尺寸，确定好定量材料，为产品化下单提前做准备。例如木饰面上有不锈钢、玻璃造型，不锈钢与玻璃按照木饰面下单图尺寸定尺下单，木饰面进行放尺并满足现场安装要求。

1）排板策划专题会

在排板策划专题会上可以同时进行木饰面、石材、瓷砖、金属、硬包、玻璃等材料的排板策划，以项目部内部会议形式汇总意见，最终形成会议纪要作为排板依据。

项目部内部会议汇总意见（示意）

石材与瓷砖排板专题会（示意）

会议记录单 SH-08 深化设计管理

1. 每次会议首先检查上一次会议决定的执行情况，然后明确本次会议主题。
2. 记录简洁明了，关键是落实措施的执行人及解决期限。
3. 本表单由项目负责人指定专人负责保存，在动态管控表计划内上传深化平台，记入考核。

会议记录单

会议名称：排板策划专题会

会议地点：项目部会议室 **会议时间：** ×××× 年 ×× 月 ×× 日

会议主题：瓷砖排板策划 **会议形式：**线下会议

会议主持：李××

参加人员：项目经理、施工员、核算员、材料员、深化设计师

缺席人员： **会议记录：**李××

本次会议主要内容

(1) 经营策划

①规格尺寸：地面瓷砖规格为 600 mm×1200 mm；大堂墙面陶瓷薄板规格为 1200 mm×2400 mm；卫生间墙砖规格为900 mm×900 mm。

②基层及安装方式：地面采用 10 mm厚瓷砖粘结剂铺贴，大堂墙面陶瓷薄板采用 50 mm×50 mm×5 mm 角钢干挂安装，卫生间墙面采用 10 mm厚瓷砖粘结剂湿贴。

③定量下单：批量精装统一卫生间、阳台贴砖区域尺寸，后场加工利于现场铺贴。

(2) 分缝排板

① 墙压地原则，地面加尺 10 mm，固定家具底部用水泥砂浆找平，地砖升进地柜 100 mm。

② 地面排板原则：排板以入口处起铺，保证入口处为整块砖，地砖需大于 1/3 块砖，留在隐蔽处，地砖损耗控制在不超过5%。

③ 墙面排板原则：地面分割缝与墙面完成面线对齐，墙砖需大于 1/3 块砖，重要空间立面小块砖需均分两块大 1/2 砖保证品质效果，墙砖损耗控制在不超过10%。

(3) 收口节点

① 阳角做 3 mm×3 mm 海棠角，后场加工倒好角现场安装，阴角采用侧面板撞正面板，避免正面视角的阴角缝。

② 竖向密拼留自然缝，横向采用 3 mm V 形缝，工厂倒好角现场安装。

(4) 品质策划

① 大堂、电梯厅要求墙地面对缝，厨房间等有地柜区域墙地面不要求对缝。

② 大堂、电梯厅、卫生间、办公区墙地面瓷砖缝做美缝，茶水间、厨房用地砖同色填缝剂勾缝。

模板

排板策划会议记录单（瓷砖）（模板）

实践要点

瓷砖排板策划专题会，形成会议纪要，注意品质要求是否对缝，以及相关填缝要求。

石材排板策划专题会，关注品质表面是否做结晶、暗门缝隙处理效果、伸缩缝是否合理设置，同时也是下单时厂家技术交底的依据。

会议记录单　　SH-08　　深化设计管理

1. 每次会议首先检查上一次会议决定的执行情况，然后明确本次会议主题。
2. 记录简洁明了，关键是落实措施的执行人及解决期限。
3. 本表单由项目负责人指定专人负责保存，在动态管控表计划内上传深化平台，记入考核。

会议记录单

会议名称： 排板策划专题会

会议地点： 项目部会议室　　**会议时间：** ××××年 ××月 ××日

会议主题： 石材排板策划　　**会议形式：** 线下会议

会议主持： 李××

参加人员： 项目经理、施工员、核算员、材料员、深化设计师

缺席人员：　　**会议记录：** 李××

本次会议主要内容

（1）经营策划

① 规格尺寸：ST-01火山岩石材版幅为 2.6m×1.6m，大堂区域石材20mm厚，其他区域石材18mm厚，石材做六面防护涂刷背胶；ST-02白色人造石版幅 2.44m×0.76m，墙面人造石厚度 20mm。

② 基层及安装方式：墙面石材采用横向 50mm×50mm×5mm 角钢干挂安装。竖向钢架根据高度区分，大堂挑空区域墙面采用 10 号槽钢，天花高度大于 6 m，采用 8 号槽钢，其他空间天花高 4 m 调整为40 mm×60 mm 方钢，竖向钢架间距为 800 mm，适当调整间距至 900～1000 mm。

③ 殊区域做法：大堂背景超 10 m 石材采用背栓干挂安装；顶面石材采用 8 mm厚石材与 20 mm厚铝蜂窝干挂安装；大堂拼花缩小尺寸在保证效果前提下，将拼花尺寸控制在 1.5m×2.6m 之内。

（2）分缝排板

① 地面石材排板原则：依据原设计排板原则及石材板幅进行排板提高出材率。地面石材长由 1400mm 优化至 1200～1300mm 之间，宽为 600～700mm 之间。门槛石处石材保证整块，门套与石材缝对应，地面分割缝与门中、造型中对应。

② 墙压地原则：地面分割缝与墙面完成面线对齐，墙面踢脚线内凹 15mm，地面石材加尺 35mm。

③ 墙面白色人造石对应地面分割缝原则：依据原设计排板原则及石材板幅进行排板提高出材率，墙面板幅宽在 600～700 mm 之间，高度在 1100～1200 mm 之间。

（3）收口节点

① 阳角做 5mm×5mm 海棠角，阴角采用侧面板撞正面板，避免正面视角阴角缝。

② 横向密拼留自然缝，竖向每四块石材之间留竖向 5mm V 形工艺缝。

（4）品质策划

① 地面石材不做结晶，石材缝采用同色胶填缝，大堂区域人造石墙面做结晶。

② 墙面机电点位根据石材排板居板面中原则优化调整点位图纸，避免点位压板缝上。

③ 石材暗门开启后保证管井防火门开启 90°，消防栓石材暗门开启后保证开启最小 135°，门扇开启后门洞净尺寸应大于消防栓尺寸；竖向门缝做斜角处理；尤其有明显纹理的石材，更应注意对纹。

④ 伸缩缝设置：地面石材铺贴间距一般在 12～15m 设置伸缩缝，应采用成品铝合金分割条，颜色同石材色。

模板

排板策划会议记录单（石材）（模板）

会议记录单　　SH-08　　深化设计管理

1. 每次会议首先检查上一次会议决定的执行情况，然后明确本次会议主题。
2. 记录简洁明了，关键是落实措施的执行人及解决期限。
3. 本表单由项目负责人指定专人负责保存，在动态管控表计划内上传深化平台，记入考核。

会议记录单

会议名称：排板策划专题会

会议地点：项目部会议室　　**会议时间：**××××年××月××日

会议主题：不锈钢排板策划　　**会议形式：**线下会议

会议主持：李××

参加人员：项目经理、施工员、核算员、材料员、深化设计师

缺席人员：　　**会议记录：**李××

本次会议主要内容

（1）经营策划

① 规格尺寸：不锈钢平板规格为1220mm×2440mm×1.2mm，大堂区域大面积不锈钢天花采用1.2mm厚不锈钢板背铝蜂窝，引导业主重新认价；走道天花不锈钢采用1.5mm厚不锈钢；不锈钢线条采用1.0mm厚刨槽折边。

② 层及安装方式：墙面平板不锈钢基层采用12mm厚阻燃板胶粘安装；大堂天花不锈钢背铝蜂窝采用40mm×40mm×4mm方管干挂安装；走道天花不锈钢基层采用12mm厚阻燃板胶粘安装。

③ 特殊不锈钢方通尺寸40mm×120mm×1.5mm不锈钢折边，采用专用干挂件安装；宴会厅异型不锈钢2mm厚，不锈钢焊接成形打磨镀钛，采用专用干挂件安装。

（2）分缝排板

① 排板按原设计要求及板幅进行排版，板面尺寸不超过常规板材的规格；横向在2400mm处分缝与门缝齐平，密拼处理。

② 独立区域不锈钢竖向分割需均分，依据原设计排板原则，尺寸控制在1000～1200mm之间，竖向拼缝留5mm×5mm工艺凹槽。

③ 大堂天花不锈钢排板：天花不锈钢需背蜂窝，横向排板面板宽度按设计要求，需考虑灯带、灯具、风口、检修口等的布置，需与天花整体对齐、协调；长度方向为密拼缝，结合天花总尺寸进行分割，拼缝需尽量避开灯孔、检修孔等，且长度不宜过长，板面尺寸不应超过常规板材的规格便于吊装，确保安全性。

（3）收口节点

① 木饰面、石材与不锈钢平接处留5mm×8mm凹槽，凹槽见光，不锈钢线条压在木饰面、石材上，外口与完成面齐平，避免直视看到缝隙。

② 木饰面、石材嵌入不锈钢条造型，不锈钢定尺下单，木饰面石材留槽需加尺保证不锈钢线条可以安装。

（4）品质策划

① 所有不锈钢为304不锈钢足厚1.0mm，不锈钢的表面应光滑、平整，不得有明显的凹凸、划痕和裂纹；所有折边需先刨槽，保证折边角度垂直。

② 服务台不锈钢需做抗指纹处理，防止使用时污染；天花镜面不锈钢背部做铝蜂窝，防止不平；在加工过程中，应该进行严格的质量控制，保证现场安装时表面平整、清洁、美观。

模板

排板策划会议记录单（不锈钢）（模板）

2.4.3 排板图绘制

排板图的绘制，首先需要了解各材料施工工艺做法，理解材料的工艺流程与原理；其次，关注不同材质间的收口节点，做到各材料之间的收口处理合理，并保证在满足使用功能的前提下，整体效果美观。

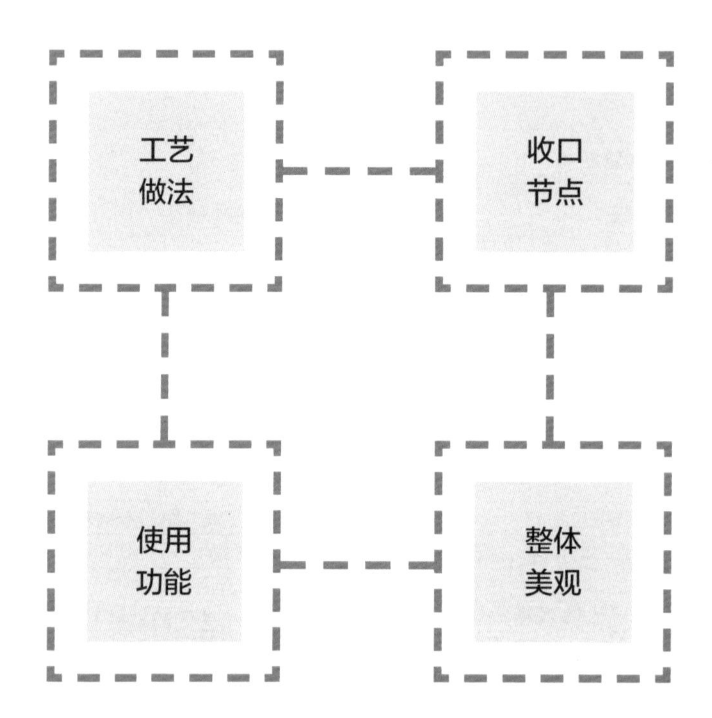

在对石材、木饰面、瓷砖、硬包、玻璃等材料进行排板图绘制时，需要根据各材料的设计要求及规格板幅进行排板。

排板图绘制的技术要点如下：

图纸要求：排板图包括平面、立面图。平立面图纸须反映材料尺寸、整体排板布置及分缝的位置，固定家具部分采用虚线表示。

排板原则：根据设计要求及排板策划会议纪要内容深化墙面、地面排板图，地面排板图需明确起铺点。

完善立面：每个立面都需要绘制排板，立面有转折的补充转折符号，绘制展开面或十字排板，灯槽造型伸进天花部分需反映完整。

定量与变量：尽量统一规格尺寸，减少尺寸类型，按产品化下单确定固定尺寸，以便后期现场安装。

面层材料排板涉及点位、收口、板幅、追缝、工艺等，如果出现排板未策划好，以及相关过程管控不到位，就会造成排板效果差、无法保证项目品质的后果。各材料常出现的排板问题可参考下页图。

木饰面不通缝，末端点位不居中

木饰面尺寸不统一，开关面板未居中

木饰面现场切割

插座未强制定位

地面逆光铺贴，拼接缝明显

洗手台石材安装有缝隙

通过项目考察与优秀项目案例学习，掌握排板技巧及注意要点，为排板图绘制做准备。

石材工艺缝避开人视线原则

木饰面通缝到底

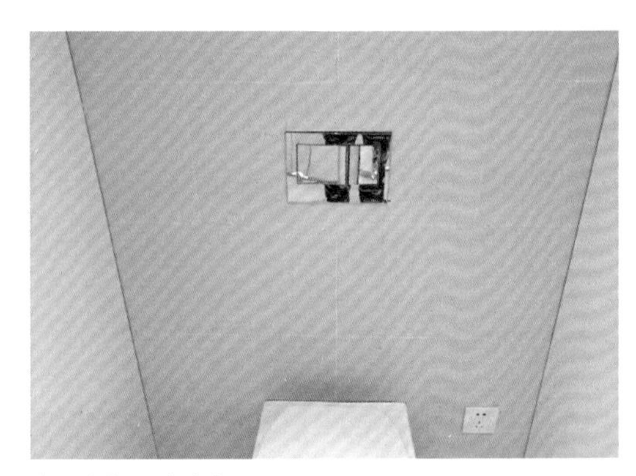

墙面点位对墙砖中

地面石材缝对齐墙面完成面

末端点位强制定位

窗边对中对缝

1）地面石材排板图的绘制要点

根据排板策划会议记录单内容调整地面排板，明确地面起铺点位置。

完善地面材质标注及标高尺寸，不同标高需明确节点做法。

材料板幅排板时应尽量统一规格尺寸，减少尺寸类型，以便现场调换材料。

地面分缝原则：地面分缝需对墙面完成，也可以对墙中完成。

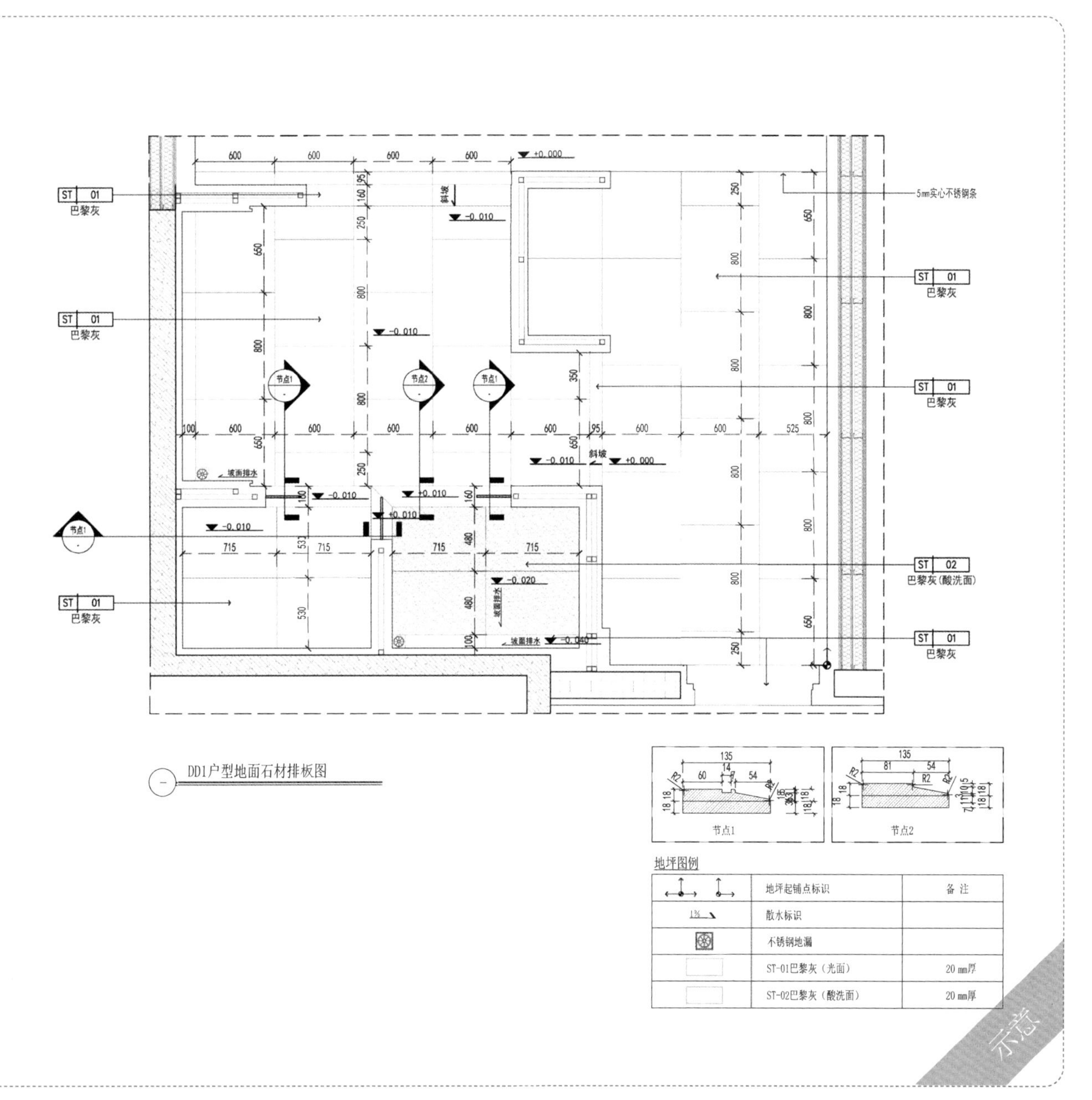

地面石材排板图（示意）

2）墙面石材排板图的绘制要点

绘制墙面需展开立面，排板图反映墙面机电点位定位。

对应地面分割调整立面排板，家具、洁具及剖面造型用虚线表示。

墙面需反映机电点位定位尺寸，提前预排板，避免点位压在砖缝上。

材料板幅排板时尽量统一规格尺寸，减少尺寸类型，方便现场调换材料。

根据墙面地面对中对缝排板原则，阴阳角及造型详细节点做法需表达清晰。

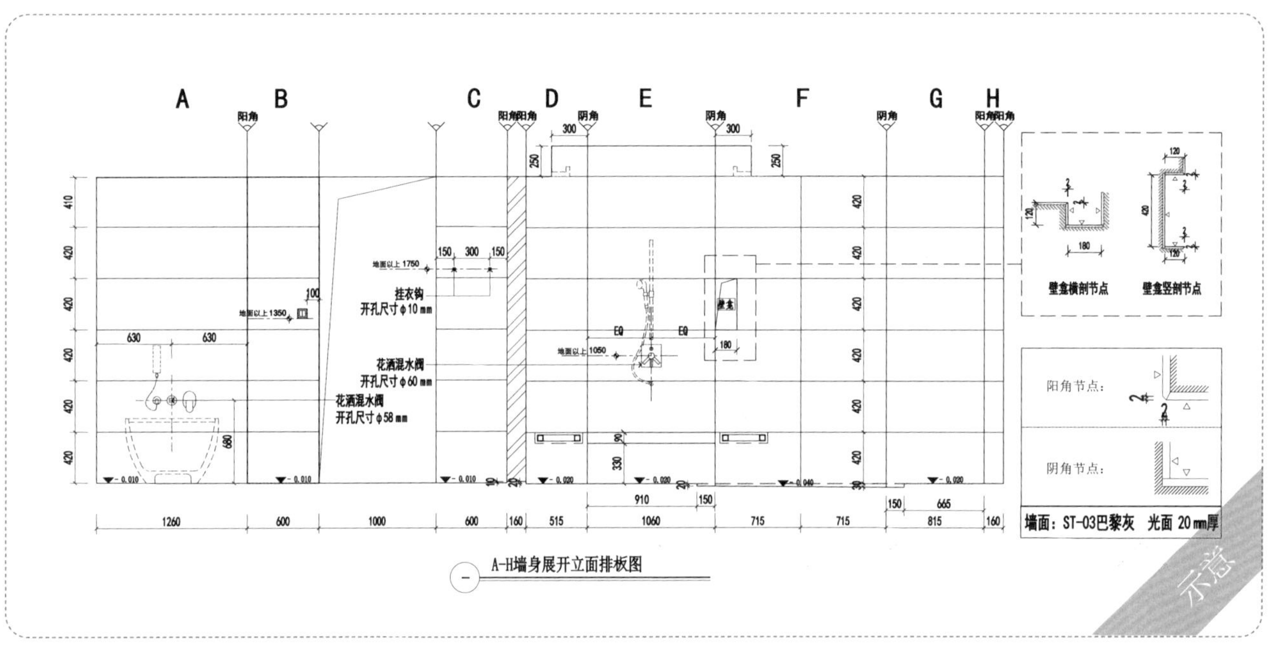

墙面石材立面排板图（示意）

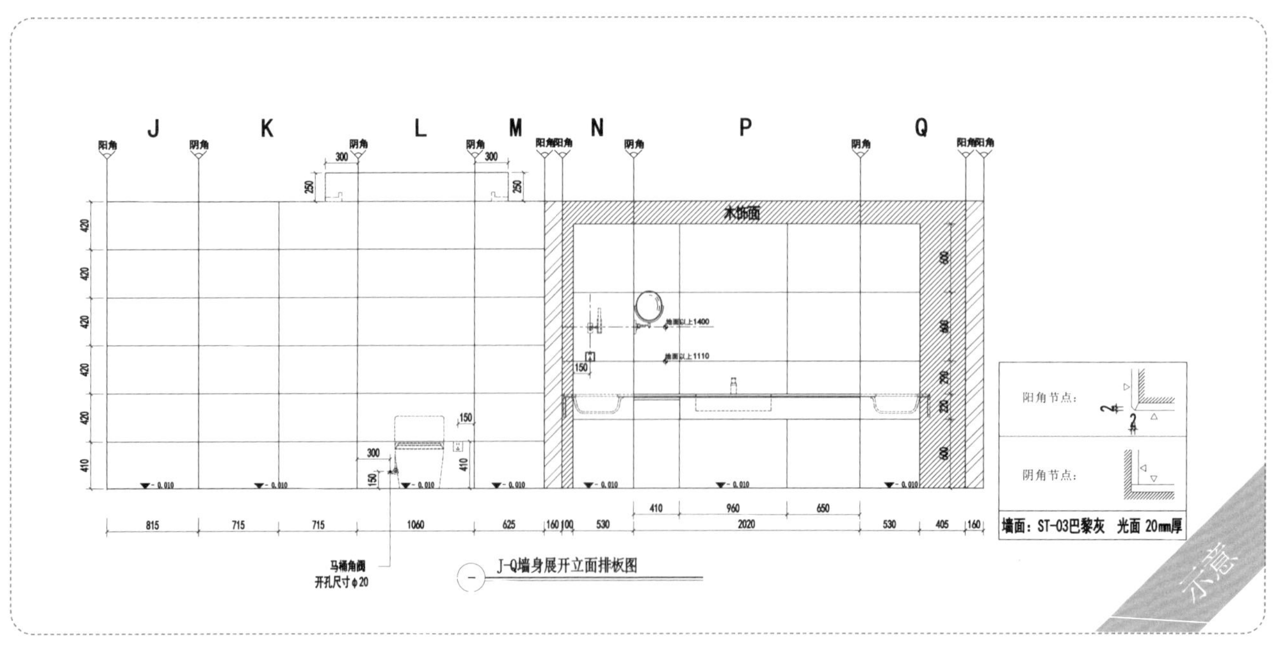

墙面石材立面排板图（示意）

3）墙地面十字排板图的绘制要点

地面排板分别对应墙面四个立面排板，墙地面对缝原则一目了然。

单独空间的墙地面材料有对缝要求，可以按照平面对应四个立面进行十字排板。

先排板地面铺装图，入口处尽量保证整块砖效果，小块砖放在隐蔽阴角处。

根据地面排板原则进行墙面排板，墙地面通缝，注意门头顶部排板的对缝要求。

墙面砖压地面砖，地面砖伸进墙面 10 ~ 20 mm，排板需考虑材料砖缝大小，策划好起铺点，控制好关键地方的对缝关系。

墙地面十字排板图（示意）

4）主材分布排板图的绘制要点

主材排板时需明确主材分布区域范围，深化排板，统计数量及尺寸，最终下单尺寸由施工员把控。

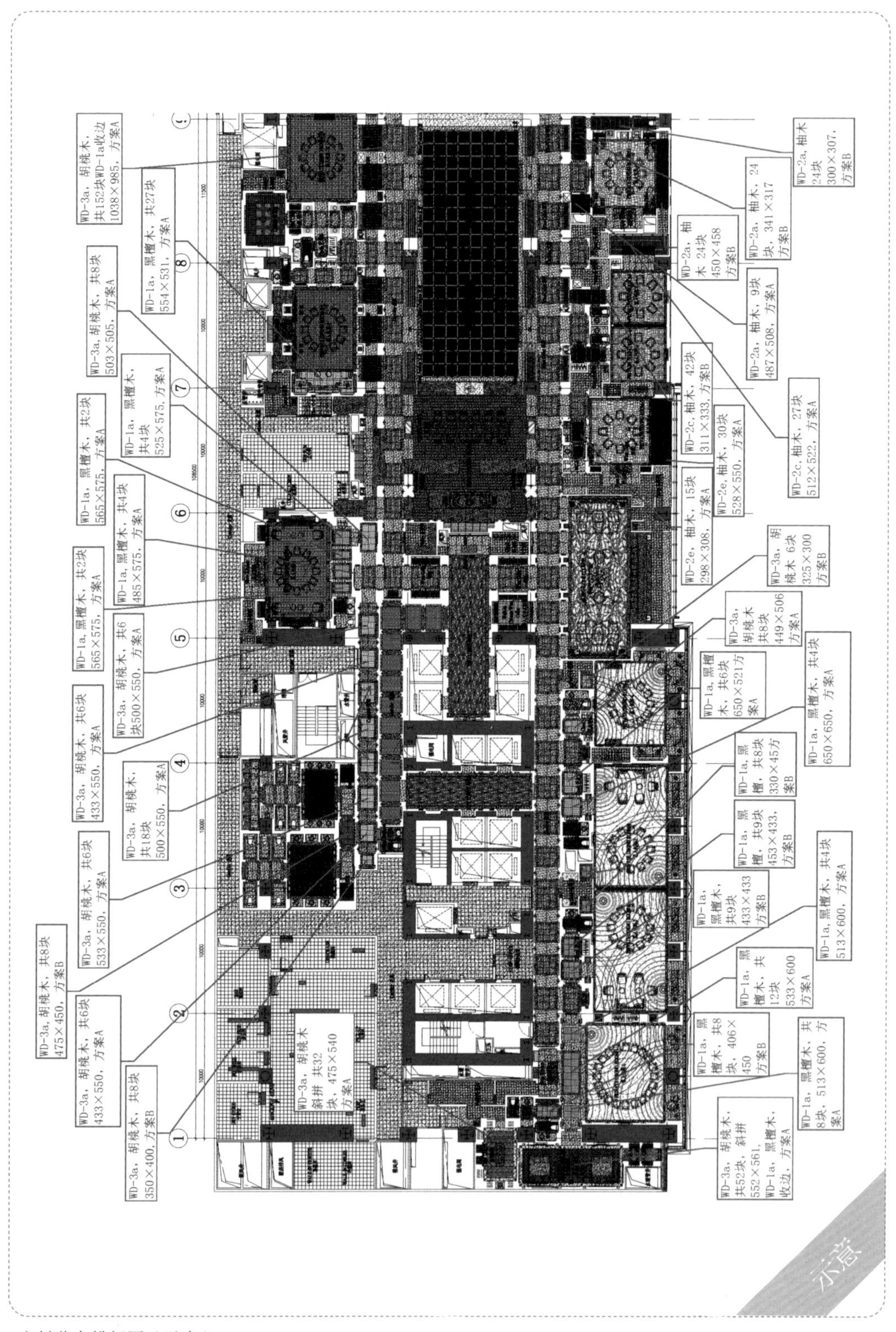

主材分布排板图（示意）

2.4.4　厂家技术交底

技术交底记录单可以使面层材料厂家能够快速、全面、准确地获取自己的施工区域、界面、技术要求等综合信息，从而能够提高厂家下单、生产的准确性和及时性。由于需驻场深化设计师、施工员、材料员为面层材料厂家提供相应的图纸、物料手册、小样、技术要求等相关资料，为其做系统交底，同时也为保证交底内容的及时性、系统性、准确性，避免后期因交底内容不一致而发生纠纷，故特制定本表单。

技术交底记录单　　SH-09　深化设计管理

1. 本表单根据排板策划，前期项目确定好设计要求并进行整合归纳，交底给厂家。
2. 本表单为后期下单的准确性和饰面安装的质量、效果提供依据。
3. 本表单由项目负责人指定专人负责保存，在动态管控表计划内上传深化平台，记入考核。

技术交底记录单

项目名称：×××项目	工管：第×工管管理公司	负责人：李××	日期：××/××/××

交底内容：木饰面、石材、金属、玻璃、瓷砖、硬包及其他特殊材料等。

（1）提供整套图纸（调整最新版）与物料手册（洁具、五金、灯具、软装家具、硬装物料）。图纸文件所在文件夹及图纸参照关系、界面划分区域，已在电脑上演示。所有材料标清材质厚度。基层需绘制在下单图中。机电点位需反映在下单图上（平立面）。面层材质收口节点参照相关节点图集。不得出现朝天缝。排板方式按所发图纸进行排板，若要调整排板，需反馈，同意后才可以更改。

（2）木饰面（含硬包）：①基层规格纹路：WD木饰面厚度12 mm，木皮厚度0.6 mm,采用9 mm木挂条安装，纹路为竖向。高板木皮拼接方式对纹直拼。UP硬包采用12 mm厚雪弗板基层。纹路按物料手册。
②收口原则：木饰面与天花收口时留5 mm×5 mm工艺缝，与其他材质在同一面上收口时，竖向采用5 mm×5 mm工艺缝（木皮需贴进工艺缝内）。绘制下单图要画出附近材质收口关系，木饰面上配套安装的其他材质（石材、不锈钢、玻璃、软硬包等）均以木饰面下单尺寸为准。厂家需提供下单图给其他材料厂家。③固定尺寸：迷你吧统一尺寸1000 mm×600 mm，衣柜深度600mm。床头背板为固定尺寸。

（3）石材：①基层规格纹路：石材墙地面均为20 mm厚，干挂石材25 mm厚（不锈钢干挂件），ST-02墙面石材纹路竖向，ST-01地面纹路以空间门垂直。排板出彩图设计确认。
②收口原则：石材墙面阳角统一为5 mm×5 mm海棠角(除台面）。门槛石卫生间一侧倒5 mm×5 mm斜边，地面石材伸进墙面不少于20 mm。石材暗门、两端均需要切斜边含墙面，详见图纸××-×。
③固定尺寸：木饰面柜体台面等按木饰面下单尺寸稳准，同一户型卫生间下单尺寸统一。

（4）不锈钢及玻璃：①基层规格纹路：MT系列不锈钢1.2 mm厚。超白钢化玻璃12 mm。银镜6 mm。
②收口原则：所有MT-01不锈钢踢脚线为50 mm高，木地板与门槛石间采用5 mm本色拉丝MT-03不锈钢。墙面、顶面不锈钢面层突出完成面2 mm。

反馈内容：
①门锁芯需要门厚度45 mm，图纸40 mm需加厚。
②下单图纸完成时间为：木饰面××年××月××日，不锈钢××月××日，石材××月××日。

签字栏

	厂家负责人/时间	生产负责人/时间	深化设计负责人
木饰面			
不锈钢			
石材			
玻璃			
铝板			

模板

本表单用于为面层厂家技术交底所用。

（1）通用交底说明（适合所有厂家）。
（2）材质分别按厂家进行分项交底，按照内容划分分为：
①面层规格型号及纹理方向（基本信息及要求）；
②收口原则（各材质收口及要求）；
③固定尺寸（定尺及排板原则）；
④变量尺寸及安装顺序。

厂家反馈内容：
①需要调整设计方案，调整排板，五金不满足安装等；
②下单图纸绘制完成时间。

向不同厂家、不同区域项目人员等交底时需三方签字确认。

技术交底记录单（模板）

注：下单过程中，应多与厂家技术人员沟通，不断优化方案及细节收口。应特别注意对效果有重大影响的部分，做到交底清楚完备。最后由厂家负责人员、生产负责人、深化设计负责人共同签字确认。

厂家技术交底的操作要点如下：

图纸资料：提供整套图纸（调整后最新版）与物料手册，明确下单区域范围。

材料工艺要求：明确材料规格尺寸，所有图纸须标记清晰材料编号、厚度、纹理方向及工艺做法要求。

收口原则：明确各材料施工工序、阴阳角收口做法、不同材质收口关系，明确踢脚线与地面关系、墙面与天花关系。

固定量与变量原则：减少尺寸种类，尽量统一规格尺寸。固定家具、背景墙造型定尺下单，变量需要加尺裁切的材料尽量放到阴角处。例如木饰面与石材两种材料的交接处，木饰面定尺下单，石材加尺先安装伸进阴角里，木饰面后安装撞石材饰面。

特殊做法说明：不同区域做法不同时，需强调说明特殊区域超大规格材料做法。

反馈内容：将厂家提出的技术难度、配合诉求，以及自己的下单时间、计划日期，如实、准确填写。

将图纸及现场情况向厂家人员交底

技术交底记录单　　**SH-09**　深化设计管理

1. 本表单根据排版策划，前期项目定好及设计要求进行整合归纳，并交底给厂家。
2. 本表单作为后期下单的准确性、饰面安装、质量、效果提供依据。
3. 本表单由项目负责人指定专人负责保存，在动态管控表计划内上传深化平台，记入考核。

技术交底记录单

项目名称：项目	设计院	负责人：李	日期：

交底内容：木饰面、石材、金属、玻璃、硬包、其他特殊材料。

1. 提供整套图纸（调整最新版），物料书（洁具、五金、灯具、软装家具、硬装物料书）。图纸文件所在文件夹及图纸参照关系、界面划分区域，已在电脑上演示。所有材料标清材质厚度。基层需绘制在下单图中。机电点位需反应在下单图上（平立面）。如要调整排版时需反馈，同意后才可以更改。

2. 木饰面厂家绘制下单图要画出附近材质收口关系。WD木饰面厚度12 mm，墙身立面面板纹路为竖向，胶粘固定。衣柜深度650 mm，木饰面WD-02为工业化板。其余为厂家制作包含面漆板。小包房卧室暗藏门工业化板做不了，工业化提供表面膜给木饰面厂，厂家做门。外门为实木门。门五金配置需在下单图纸中体现。并入汇总表。实木门颜色样板需提供设计确认，立面排版缝为5 mm×5 mm工艺缝，木皮需贴进工艺缝内。所有与木饰面配套安装的其他材质（石材、不锈钢、玻璃、软硬包等）均以木饰面下单尺寸为准。

3. 石材厚度地面为20 mm、墙面ST-04干挂30 mm，其他石材干挂25 mm。卫生间台面石材基层微水泥厚度按2 mm去减，门槛石对齐不锈钢门套，一进门槛石调整为山西黑。排版方式按地面进行排版立面。卧室卫生间石材及雪茄房基座采用拼装，ST-06泥客石雪茄房为干挂石材厚度25 mm。重点水景位置。

4. 不锈钢1.5 mm厚，所有MT-01不锈钢踢脚线为50 mm高，木地板与门槛石间采用5 mm本色拉丝不锈钢。墙面、顶面不锈钢面层凸出完成面2 mm。工业化板收口不锈钢压条采用5 mm，工业化板需要不锈钢压条收边，包括踢脚线折弯压工业化板收口。玻璃雪茄房为15 mm钢化超白玻璃，淋浴房12超白钢化玻璃，玻璃水晶砖根据现场实际尺寸定制，雪茄房水纹艺术玻璃需中空加胶隔热隔音。

5. 硬包密拼缝，板幅依据图纸排版。金砖工字拼，规格600 mm×600 mm。微水泥石材台盆基层面上制作。

反馈内容：

1. 下单图纸完成时间为：木饰面　年　月　日前，不锈钢　月　日前，石材　月　日前

签字栏			
	厂家技术人员/时间	项目施工人员/时间	深化设计负责人
木饰面			
不锈钢			
石材			
玻璃			
铝板			

（修订日期：　年　月　日）　　第1页 共1页

示意

技术交底记录单（示意）

2.4.5 下单图审核

1）下单图审单

为了规范下单图审核意见，统一对下单图共性问题进行说明，避免相同问题在局部图纸中有遗漏现象，规避承担相关责任，因此需审核内容主要为图纸是否完整、主材纹理及表面处理工艺是否标注详细、排板是否满足要求、不同材质交接收口关系是否表达清晰等。审核意见根据下单图内容写出共性问题，例如尺寸问题、纹理方向及表面处理标注问题、阴阳角做法、不同材质交接缺失节点、凹槽未做处理等。厂家负责人、生产负责人、深化设计负责人共同签字确认。

下单图审单　　SH-12　深化设计管理

1. 本表单用于深化设计师审核下单图时填写。
2. 本表单根据不同材料分类填写图审内容与审核意见。
3. 本表单由项目负责人指定专人负责保存，在动态管控表计划内上传深化平台，记入考核。

下单图审单

项目名称：××集成电路工程	工管：第×工管管理公司	负责人：××	编号：01

下单区域：B区标准层电梯厅石材下单

图审内容

(1) 现场收线尺寸精确反映到平面图纸，图面比例合理，平面、立面编号对应。

(2) 石材规格厚度标注清楚，材质标注准确，纹理方向及表面处理工艺标注清晰。

(3) 提前预排板，有花色对纹要求需按大板照片1：1排板，制定符合原设计方案及项目部要求的分割方案。

(4) 材质交接面清晰，收口节点深化合理，交界面边缘处理标注清晰，倒角、凹槽内部见光。

(5) 地面排板与墙面交界时伸进墙内不小于20mm，墙面排板阴角交界时有一面加长伸进另一面墙，地面排板与墙面造型有对应关系，天花灯带造型处石材加尺，伸进天花内。

审核意见

共性问题：

(1) 尺寸以现场实际尺寸为准，材料按签字小样。

(2) 材料纹理方向及表面处理工艺未标注清楚。

(3) 阴角处节点缺失，多种材质交接处节点表达不详细，收口需对应厂家共同确认。

(4) 凹槽内处理工艺未标注。

签字栏

厂家负责人	生产负责人	深化设计负责人
___年___月___日	___年___月___日	___年___月___日

下单图审单（模板）

2）石材下单图

石材下单图图纸要求如下：

石材下单图包括平面、立面、剖面及各节点部位详图。平立面图纸须反映铺贴石材的块料尺寸、整体排板布置及分缝的位置、纹理方向。

对于有预留口和机电预埋（如消防栓、各类开关、插座、壁灯）要求的，须明确标识开口位置及尺寸，通常开口位于石材块料的正中或边线中。

石材下单图一定要在现场实际尺寸检查、复核无误的基础上进行，厂家深化设计师、施工员、深化设计负责人共同复核。

节点详图包括地面与墙面相交部位，墙面与天花相交部位，地面楼梯，台阶部位，检修洞口、井口部位，墙面开洞部位（如消防栓、窗洞口等），墙面阴角、阳角、转角部位以及石材分割缝处理。

对采用背栓方式的墙面石材应提供背栓件详图、背栓件的固定方式和要求、背栓件的立面布置（水平和垂直的间距）等详图。

下单图纸须清晰标明使用材料的材质，表面工艺要求，见光面，使用区域位置，不同材料的界面、具体做法要求，详细标注尺寸及石材编号。

石材下单图审核是在石材下单前对石材进行预排板时，根据石材大板尺寸及石材纹路特点进行排板，控制石材出材率及石材铺贴效果。有对纹要求的石材需要做石材大板照片排板，确保纹理效果满足设计要求。所有石材下单图需要明确石材名称、表面工艺要求、纹理方向、加工工艺、石材编号及图例说明。

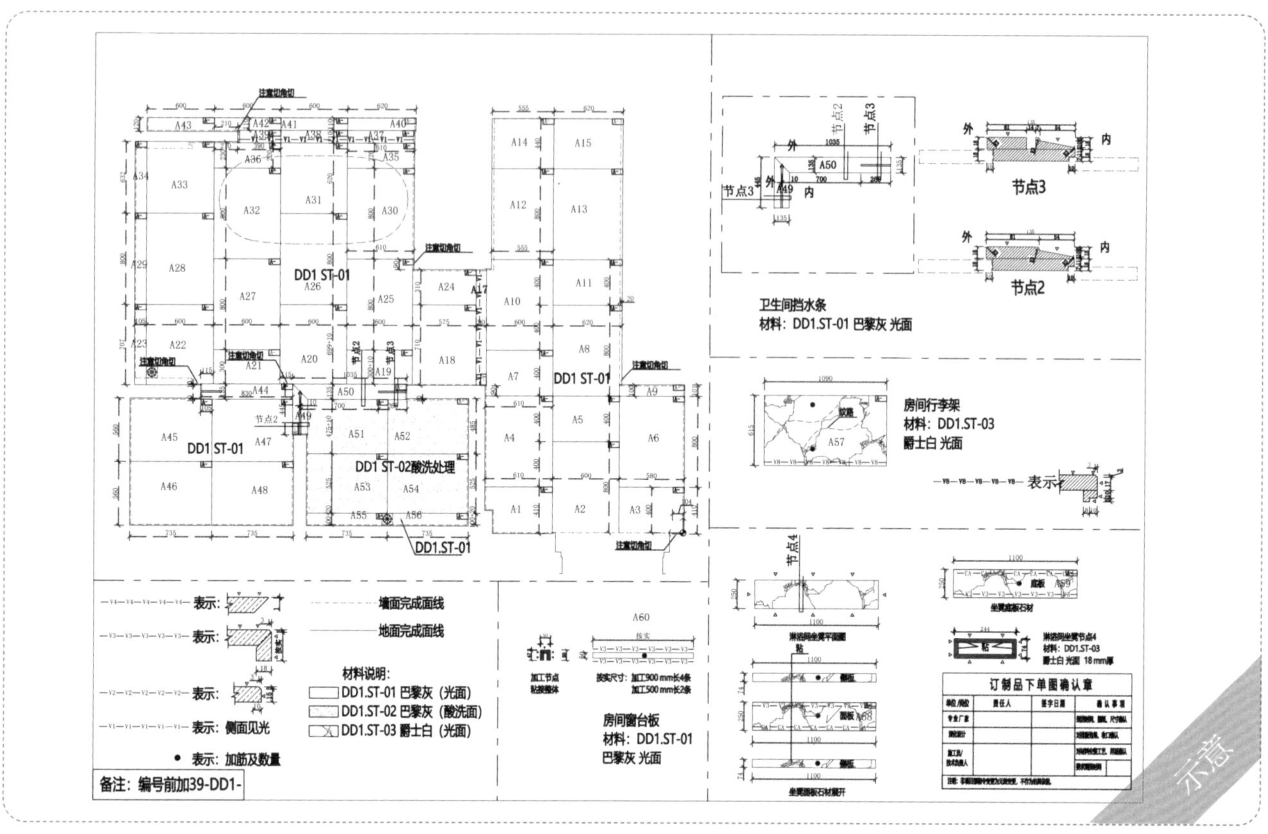

石材下单图审核确认（示意）

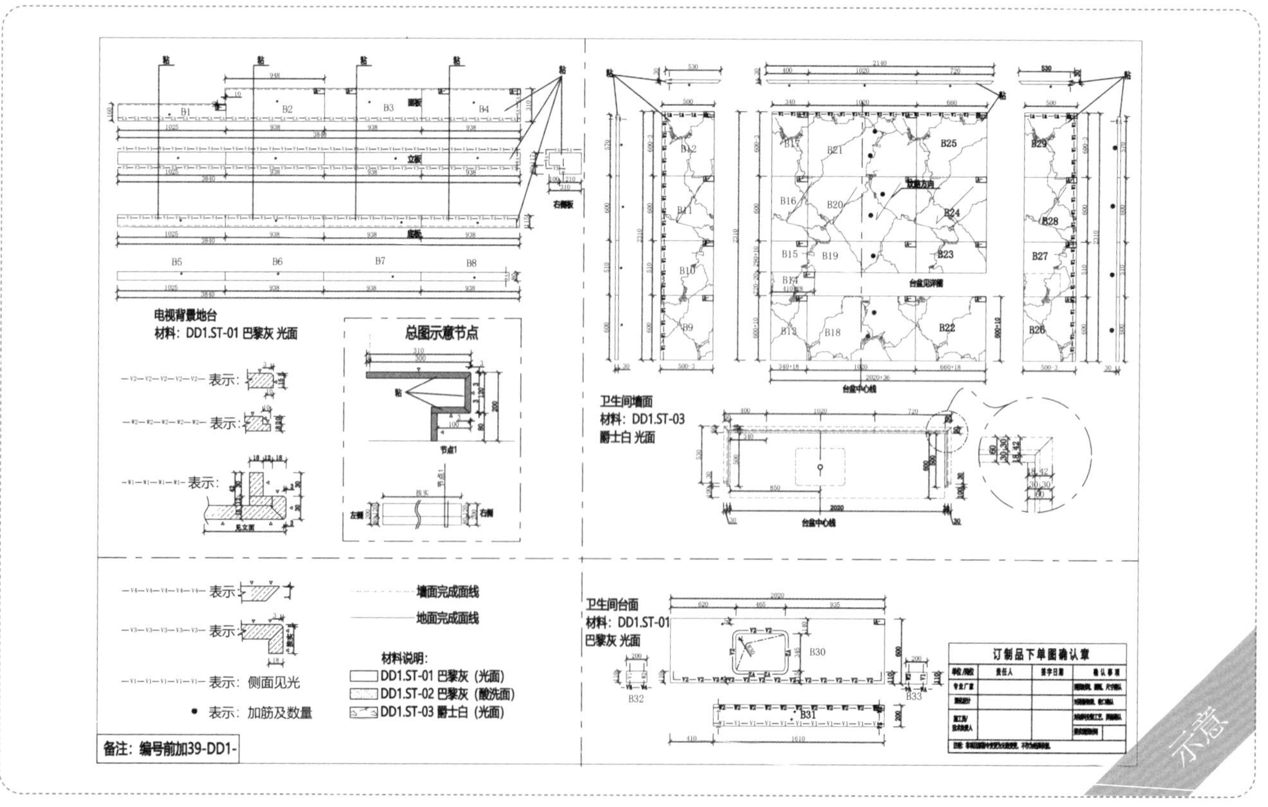

石材下单图审核确认（示意）

石材下单图审核时应注意：

尺寸精准性：下单图纸上的尺寸必须准确反映现场实际收线尺寸，以确保石材加工和安装顺利进行。

材料编号核对：核对下单图纸中的材料编号与石材种类，确保与已确认过的材料编号一致，避免出现错误的材料使用。

节点收口关系：仔细核对下单图纸中的节点收口关系，解决石材与其他材料的交接面收口关系，深化石材边缘加工方案。

立体化思维：审核下单图时要有立体化思维，把平面、顶面、地面结合在一起，可以将每个立面展开并拼在一起，要能分析和想象展开后的现状尺寸。

定尺放量：根据施工工序要求墙面石材压地面石材，下单时地面石材加尺伸进墙内，墙面石材需缩尺。墙面阴角交接时，有一面需加尺伸进另一面墙。要特别关注石材收边收口的放量尺寸，以确保石材能够完美地拼接在一起。

图纸标高尺寸：注意图纸上的标高尺寸是否与现场标高相符合，确保下单图纸中的标高尺寸与实际情况一致，避免因标高不准确而导致的问题。

石材加工说明：注意核对下单图纸中的材料信息，包括石材类型、表面工艺要求、纹理方向、加工工艺、石材编号及图例说明。根据深化要求确定石材边界加工要求，石材有磨圆边、倒斜角、碰角、抽槽、开孔等要求的，应在车间使用专用设备机器进行加工，检查无误后再运输至现场安装。小于 100 mm 的条线石材或者线条，需要用背筋或背石材条进行加固处理，有拼花需要粘结的要在车间粘结成整体再到现场安装。

出场前预拼装：对于异型板、拼花或需要对纹的石材，加工完后需在厂里进行预拼装，保证尺寸、纹路满足现场施工要求，减少现场返工，并仔细核对石材编号保证准确无误。

成品石材细节控制案例如下：

材料品质控制

收口细节控制

做法控制

材料对缝控制

3）木饰面下单图

木饰面下单图图纸要求如下：

木饰面下单图包括平面、立面、剖面及各节点部位详图；立面图纸须反映木饰面尺寸、纹理方向整体排板布置及分缝的位置。

对于有预留口和机电预埋（如消防栓、各类开关、插座、壁灯）要求的，须明确标识开口位置及尺寸；通常开口位于木饰面的正中。

木饰面下单图一定要在现场实际尺寸检查、复核无误的基础上进行，厂家深化设计师、施工员、深化设计负责人共同复核。

节点详图包括木饰面与墙面其他材料相交部位、地面与墙面相交部位、墙面与天花相交部位、地面楼梯部位、检修口部位、墙面开洞部位（如消防栓、窗洞口等）、墙面分割缝处理。对采用的固定方式应在图纸中明确体现。

下单图纸须清晰标明使用材料的材质、表面工艺要求、使用区域位置，不同材料的界面、具体做法要求、尺寸及木饰面编号。

木饰面下单图审核时通常木饰面下单图纸数量较多，与木饰面交接的材料种类以及需要处理的收头收口细节内容较为复杂，衣柜、吧台等需完善内部结构做法。示意图为一面墙木饰造型，图中内容包含水吧台、吊柜、平板木饰面，不仅需要解决收口节点，还要考虑施工工序及安装固定方式等诸多问题，需要统一做法，各厂家联合下单，可以提高效率减少出错率。

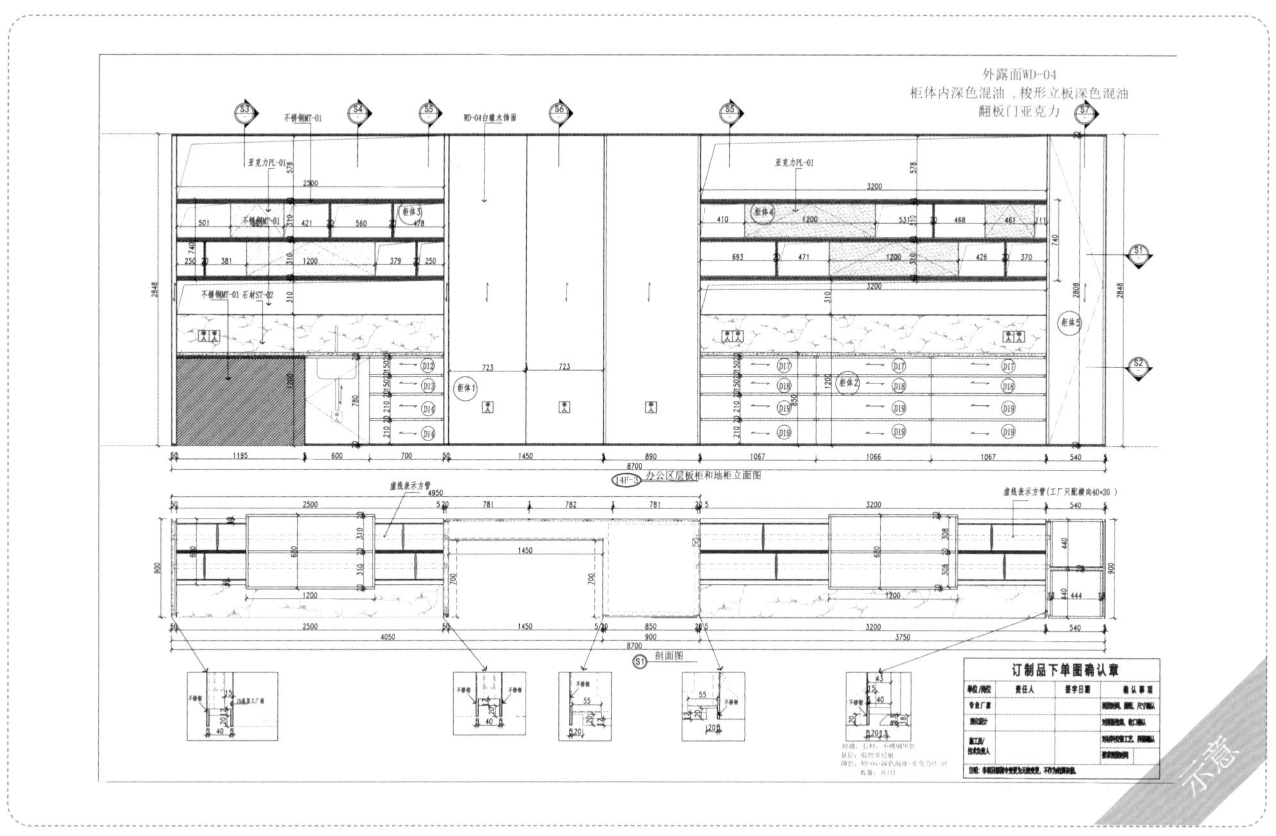

木饰面下单图审核确认（示意）

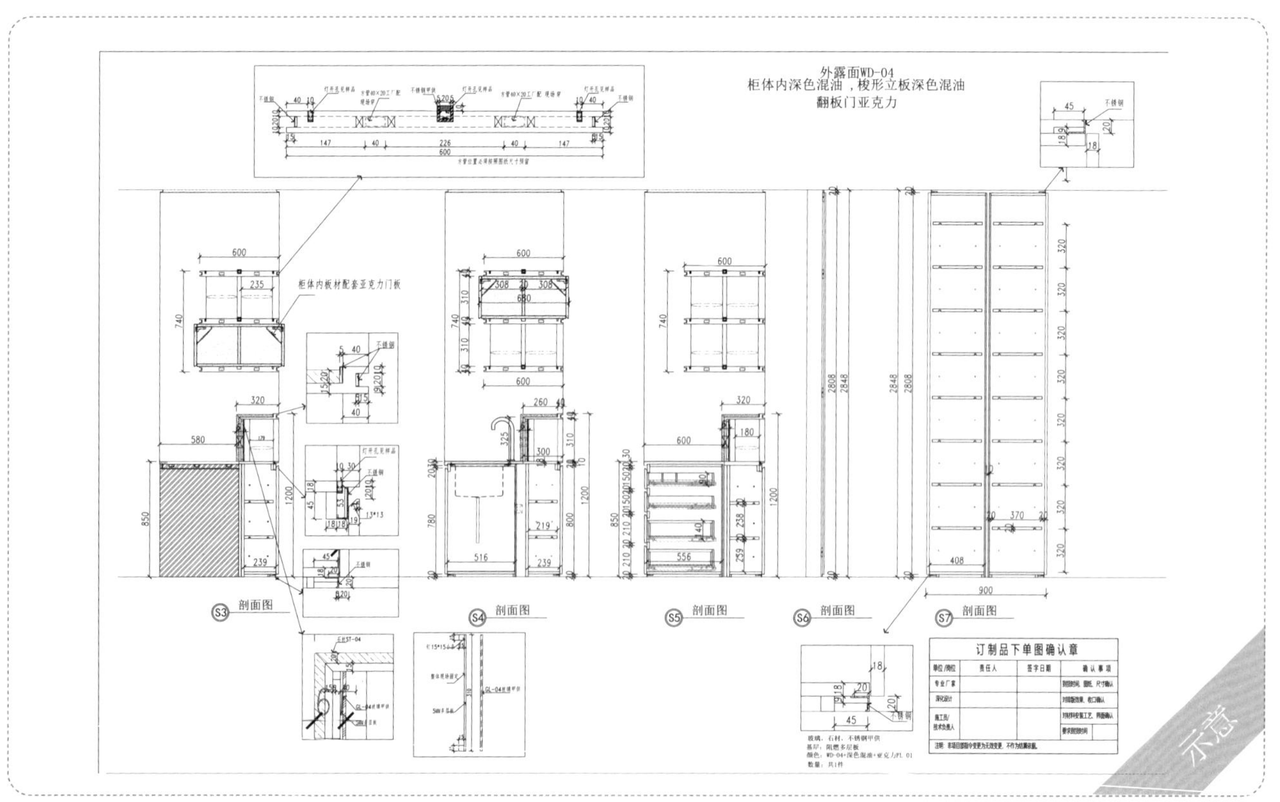

木饰面下单图审核确认（示意）

木饰面下单图审核时应注意：

尺寸精确性：下单图纸上的尺寸必须准确反映现场实际情况，包括木饰面板的长度、宽度和厚度等，以确保木饰面的加工和安装能够顺利进行。

材料选择与质量：审核下单图纸时，需要注意木饰面板的材料选择和质量要求，确保符合设计要求和工程标准，避免使用次品或不合格的木饰面材料。

木饰面工艺要求：仔细核对下单图纸中的木饰面工艺要求，包括木饰面板的表面处理、颜色、纹理、防火性能等，确保符合设计要求和工程标准。

木饰面收边收口：注意审核下单图纸中木饰面板的收边、收口工艺，包括木饰面板与其他构件的连接方式和细节处理，确保收边、收口平整、美观、牢固。

五金配合：了解五金配合情况，包括门、窗、五金件等与木饰面板的配合要求，确保开孔位置和尺寸准确无误。

防水防潮处理：审核下单图纸时，需要注意木饰面板的防水防潮处理要求，特别是在潮湿环境或接触水的部位，确保木饰面板的使用寿命和质量。

下单说明：在下单图纸上注明木饰面板的材料、工艺要求、五金配合要求、包装运输要求等信息，以确保下单的准确性和完整性。

成品木饰面细节控制案例如下：

需控制木饰面色差与分缝排板

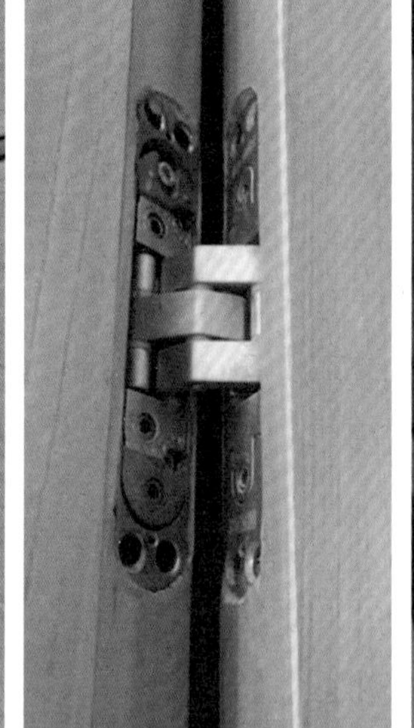

门锁五金开孔（需按实际情况，在工厂统一开孔）

需控制踢脚线高度

需管控收口细节

阶段总结

面层收口的成果，关系到项目最终呈现的品质，深化设计师应仔细研究不同材质之间的收口，把控好面层材质收口关系，对厂家深化设计交底清晰。

面层排板涉及较广，应针对不同材料项目部进行排板策划，要确认主材规格、工艺要求等，为后续排板下单做准备。

面层排板影响墙面和平面机电点位定位、给水排水定位、主材下单等。应关注标准品材料规格尺寸，根据现场尺寸与设计要求进行排板，并控制好面层材料效果及损耗。

下单前应统一对深加工材料厂家技术人员交底，明确下单范围、界面、时间、设计要求等。厂家深化设计前期应对现场完成面尺寸复核，过程中及时对现场基层复核，避免因现场原因导致面层安装不上造成返工。

面层下单应尽量统一规格尺寸，确定好定量、变量材料，为模数化、产品化下单提前做准备；图纸审核要认真仔细，特别关注材料收边、收口。

2.5 动态调整——深化 10% ~ 100% 阶段

模拟项目工期为 16 周。

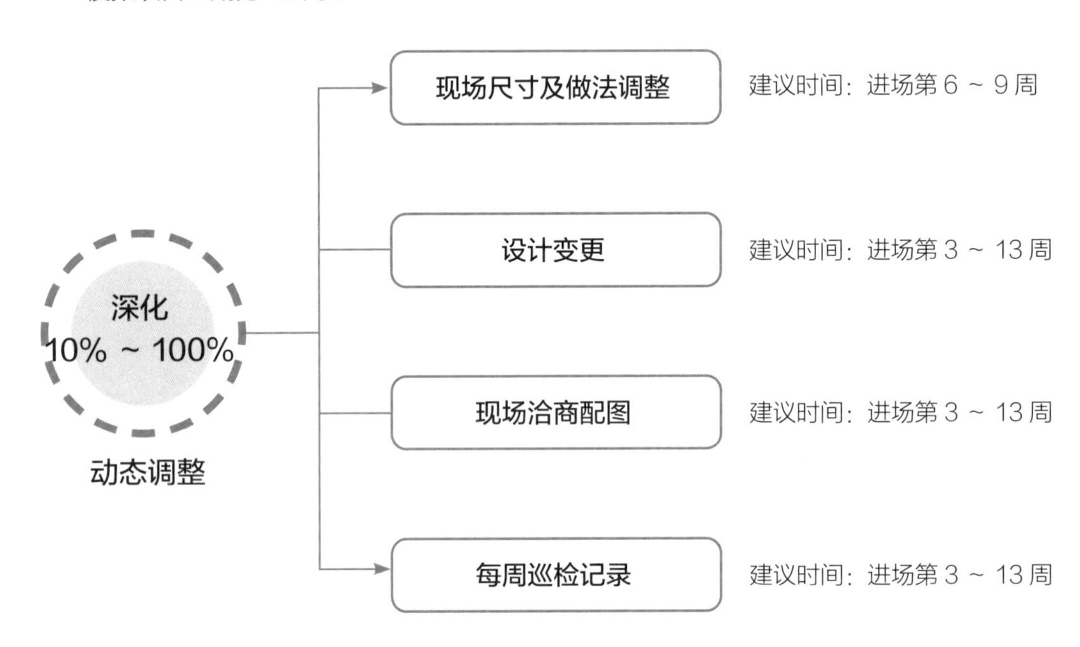

2.5.1 现场尺寸及做法调整

1）现场调整记录单

现场调整记录单用于收线调整完图纸之后。因方案调整、配合现场等原因，故将现场调整记录单作为调整依据。本表单也可作为深化设计工作量考核及过程管理明细，同时为洽商签证（通常在建筑、工程、项目管理等领域中使用，是指在项目施工过程中，由于设计变更、现场条件变化、新增工程内容或其他未预见情况，需要对原合同或设计方案进行调整时，由施工单位、监理单位、建设单位或业主以及设计单位等多方，在现场进行协商并达成一致后，所形成的书面确认文件。这个过程确保了所有相关方对于变更的内容、工程量、费用、工期影响等方面的明确理解和同意）、方案调整及后期绘制竣工图纸等提供过程资料支持。

本表单用于现场复尺收线调整图纸后所发生的图纸修改内容。

现场调整记录单　　SH-07 深化设计管理

1. 本表单用于深化设计师持续填写现场改动调整记录。
2. 本表单作为后期竣工图调整依据及日常工作记录。
3. 本表单由项目负责人指定专人负责保存，每月27日下班前上传至深化平台。

本表单记录日常图纸调整工作量，是后期绘制竣工图调整的依据；本表单上传至平台，并记入考核。

现场调整记录单			
项目名称：××项目	工管：第×工管管理公司	负责人：李××	时间：××/××/××

调整原因：

(1) 2022年3月8日因消防单位消防A-47F-4708 增加1个烟感点位，开精装会议中消防单位及业主确认增加1个烟感，位置由精装单位调整增加烟感点位（详见附件一）。

(2) 2022年3月8日配合项目制作技术专项方案图纸绘制，平面图1张、节点图2张。当天调整一次。

(3) 2022年3月8日业主通过邮件形式下发，调整阅读灯高度与型号。我公司进行图纸调整。

(4) 床头背景WD-04木线条造型分格调整 （适合所有木线条分格不到顶线条）。

调整的原因：

现场基层、面层调整与收线调整后的图纸不符的，项目要求调整、业主要求调整（邮件或者指令单等文件）的，增减灯具，造型更改整体调整等。配合项目部制作专项方案，配合其他岗位人员对图纸进行调整。

调整内容：

(1) 调整 GR-P-108.2天花图纸，增加烟感点位（详见附件一）。

(2) 调整平面图纸变为彩图。

(3) 阅读灯高度原来1050 mm，现需调整1150 mm。在15个户型图纸上所有 床头背景立面调整， 更改阅读灯型号。机电点位平面图及家具索引图全部更改（详见附件二）。

(4) 床头背景WD-04木线条造型分格调整 （适合所有木线条分格不到顶线条），调整8个户型床头背景立面（详见附件二）。

附调整图纸：__48__张，图号：原有图纸中调整

______。

替代原图号：__原图纸中调整__，原图纸作废。

图纸调整范围及图号替代等表达清楚，向核算员及施工人员进行交底。

签字栏		
生产负责人	核算负责人	深化设计负责人
____年___月___日	____年___月___日	____年___月___日

模板

项目施工员及核算员需知晓，三方确认并签字，作为现场及图纸改动的依据。

现场调整记录单（模板）

注：应注明图纸调整时间及实际调整原因。应填写详细调整内容及对应图纸编号。图纸调整数量应按实填写，并且此类图纸需要业主与设计师确认签字后标明相应图号。由于图纸调整可能影响现场施工及造价等方面，故应及时与施工员及核算员沟通信息，三方签字确认。

2）现场尺寸调整

不要盲目调整图纸，应当用模数化、产品化思路深化图纸，结合面层排板调整造型，定好定量与变量尺寸，主动控制现场尺寸。

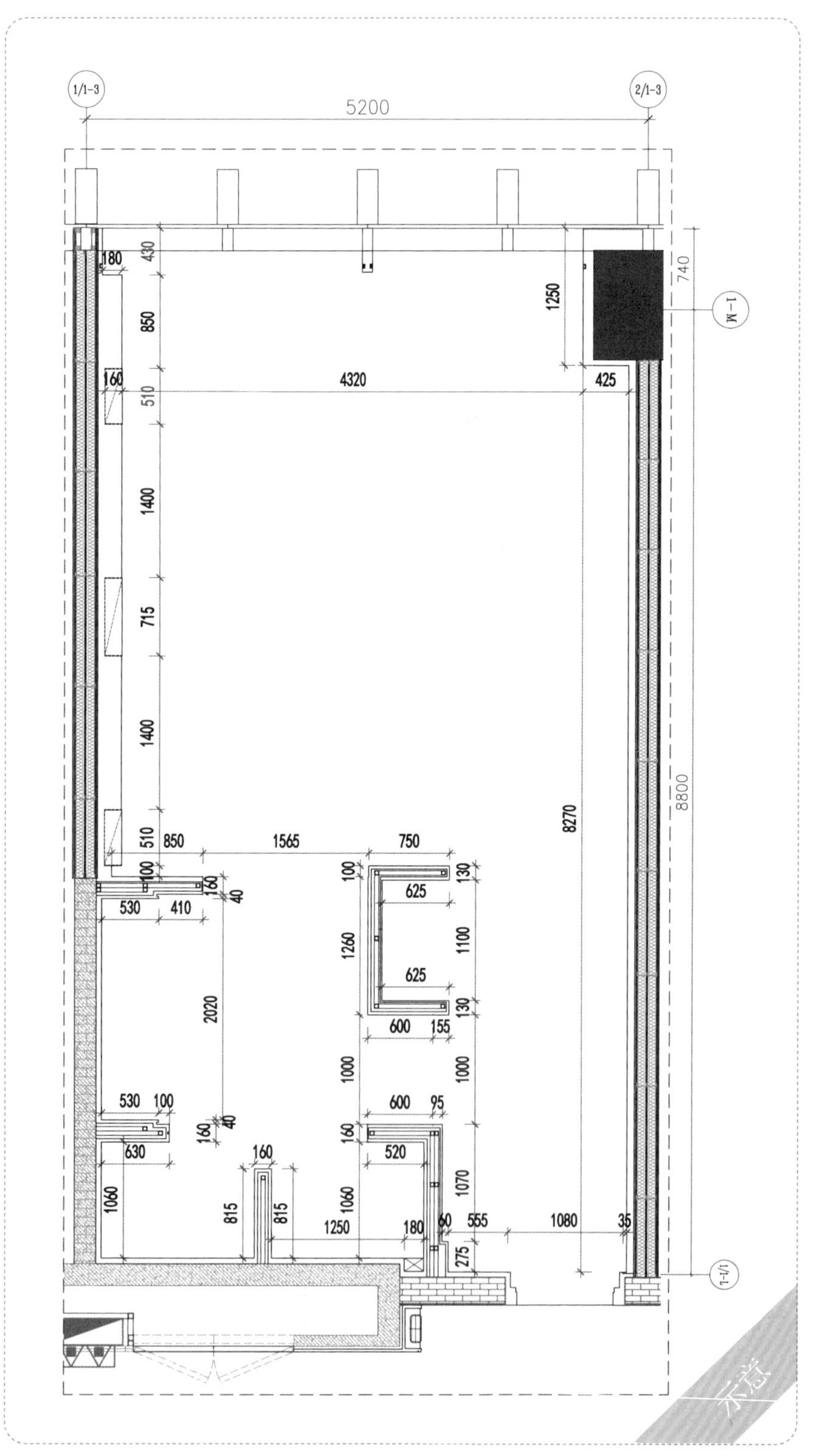

现场尺寸调整平面图（示意）

实践要点

1. 根据现场复尺收线调整图纸，并在现场调整记录单中如实记录因现场原因或方案调整所产生的图纸调整。

2. 复核现场顶面标高，调整相应立面图纸高度尺寸。

3）现场做法调整

根据功能特点结合工艺做法，提前策划好面层做法。多与专业厂家沟通技术要求，减少因做法变更而影响现场基层拆改及整体施工进度。

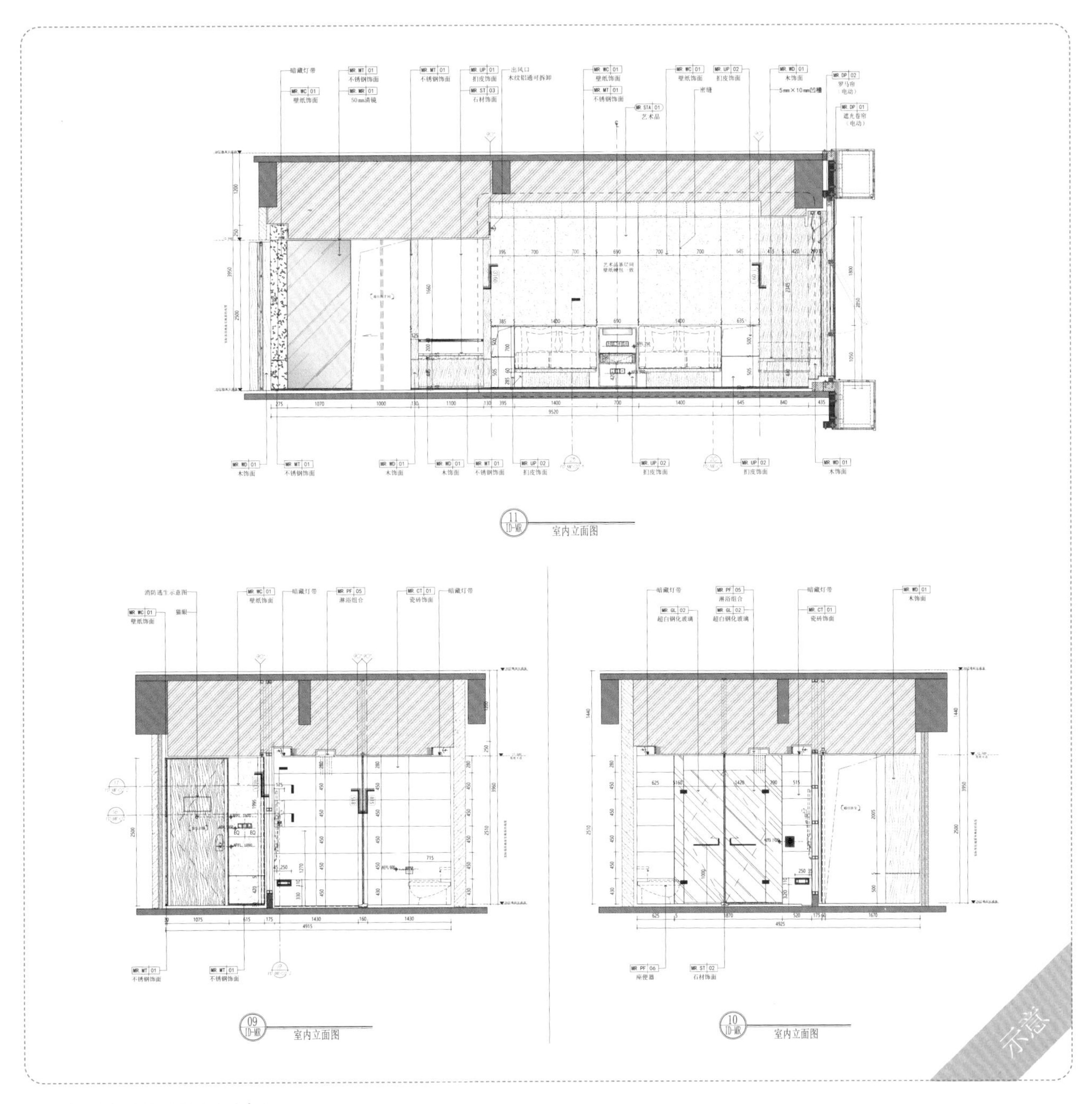

现场尺寸调整立面图（示意）

实践要点

1. 墙体做法调整（示例）：卫生间砖砌墙体改为钢架墙，房间分户砖砌墙改为轻钢龙骨石膏板墙体。

2. 基层做法调整（示例）：石材湿贴改为干挂，核心筒抹灰墙面增加覆面龙骨石膏板基层。

3. 面层材料调整（示例）：壁布改硬包，石材改瓷砖，木饰面改木纹转印铝板。

2.5.2 设计变更

设计变更记录单是指在合同未明确施工单位设计变更时，不作为结算依据，业主未及时下发设计变更时，因项目现场临时发生方案变更，深化设计师可及时填写本表单，签字确认后作为施工依据，以保证现场施工正常进行。

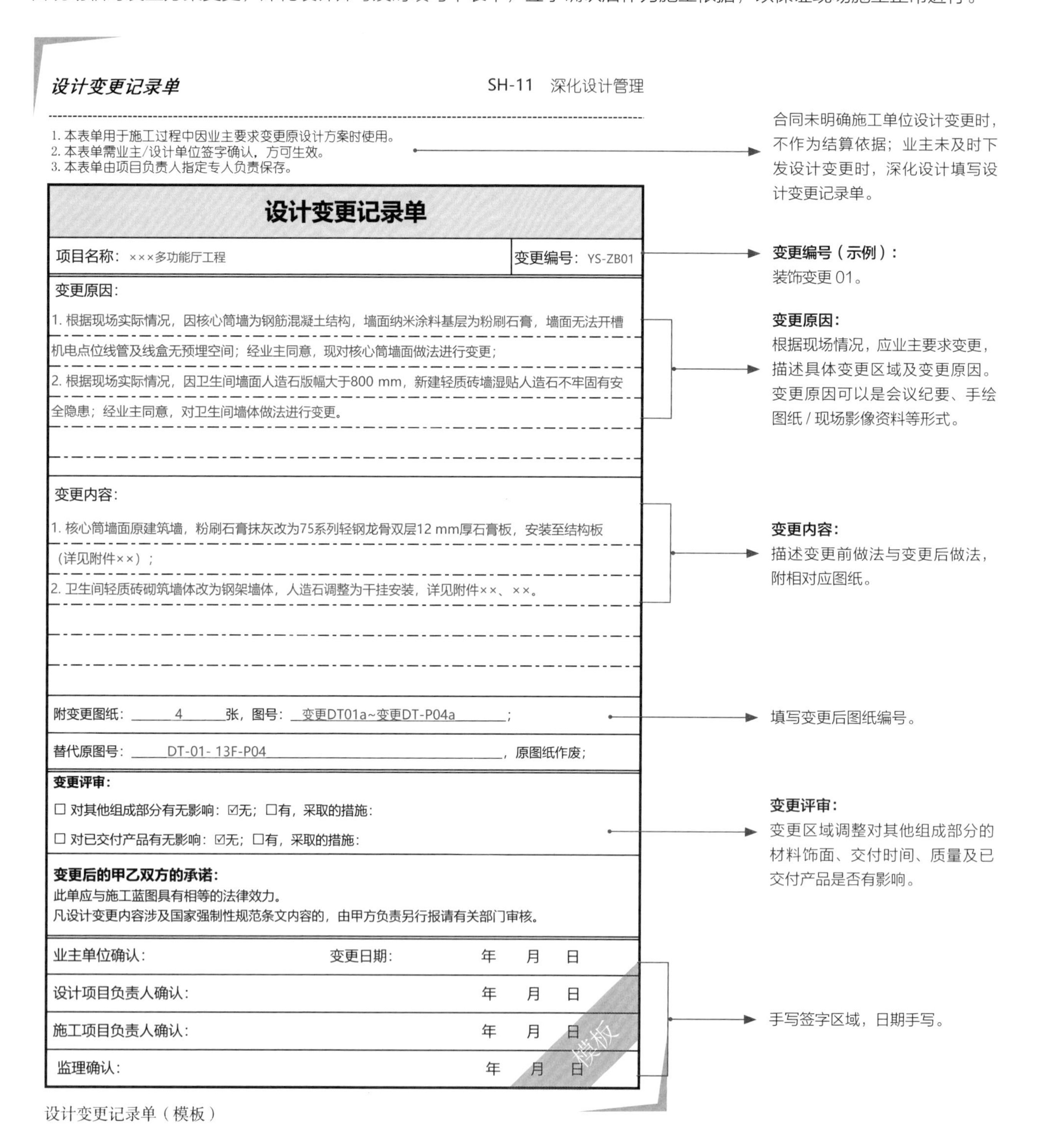

设计变更记录单　SH-11　深化设计管理

1. 本表单用于施工过程中因业主要求变更原设计方案时使用。
2. 本表单需业主/设计单位签字确认，方可生效。
3. 本表单由项目负责人指定专人负责保存。

设计变更记录单

项目名称：×××多功能厅工程	变更编号：YS-ZB01

变更原因：

1. 根据现场实际情况，因核心筒墙为钢筋混凝土结构，墙面纳米涂料基层为粉刷石膏，墙面无法开槽机电点位线管及线盒无预埋空间；经业主同意，现对核心筒墙面做法进行变更；
2. 根据现场实际情况，因卫生间墙面人造石版幅大于800 mm，新建轻质砖墙湿贴人造石不牢固有安全隐患；经业主同意，对卫生间墙体做法进行变更。

变更内容：

1. 核心筒墙面原建筑墙，粉刷石膏抹灰改为75系列轻钢龙骨双层12 mm厚石膏板，安装至结构板（详见附件××）；
2. 卫生间轻质砖砌筑墙体改为钢架墙体，人造石调整为干挂安装，详见附件××、××。

附变更图纸：＿4＿张，图号：＿变更DT01a~变更DT-P04a＿；

替代原图号：＿DT-01- 13F-P04＿，原图纸作废；

变更评审：

☐ 对其他组成部分有无影响：☑无；☐有，采取的措施：

☐ 对已交付产品有无影响：☑无；☐有，采取的措施：

变更后的甲乙双方的承诺：

此单应与施工蓝图具有相等的法律效力。

凡设计变更内容涉及国家强制性规范条文内容的，由甲方负责另行报请有关部门审核。

业主单位确认：	变更日期：　年　月　日
设计项目负责人确认：	年　月　日
施工项目负责人确认：	年　月　日
监理确认：	年　月　日

设计变更记录单（模板）

注：关注变更评审，变更调整对其他组成部分的材料饰面、交付时间、质量及已交付产品是否有影响，如果有影响，需写明采取的措施。变更后的甲乙双方的承诺：此单应与施工蓝图具有相等的法律效力。凡设计变更内容涉及国家强制性规范条文内容，由甲方负责另行报请有关部门审核。业主、设计单位签字确认方可生效。

变更前应积极与设计方沟通解决方案，编写设计变更记录单时文字描述要有理有据，编写好的设计变更记录单需项目部审核完成后才能对外发布，设计变更记录单要附对应图纸，同时作为绘制竣工图依据。

设计变更记录单　**SH-11**　深化设计管理

1. 本表单用于施工过程中因业主要求变更原设计方案时使用。
2. 本表单需业主/设计单位签字确认，方可生效。
3. 本表单由项目负责人指定专人负责保存。

设计变更记录单	
项目名称：[illegible]项目	变更编号：YS-ZB01
变更原因： 1. 根据现场实际情况，因客房卫生间顶面受机电、风管等管道影响，灯槽标高无法满足原施工图纸做法尺寸；经业主同意，对卫生间灯槽标高做法进行变更调整。 2. 根据现场实际情况，因原设计单位为了提高客房整体的设计效果，经业主同意，对客房卫生间墙面材质进行变更。	
变更内容： 1. 客房卫生间顶面灯槽标高由原施工图纸尺寸250mm调整为150mm，详见附件一、附件二。 2. 客房卫生间原设计墙面材质CT-01仿石材瓷砖，变更为ST-03巴黎灰石材，光面，厚度20mm，详见附件三、附件四。	
附变更图纸：10 张，图号：BG-RCa-01~02、FF-05a、MR-03a、MR-04a、MR-05a；	
替代原图号：RC-01、02、FF-05、MR-03、MR-04、MR-05，原图纸作废；	
变更评审： ☐ 对其他组成部分有无影响：☑无；☐有，采取的措施： ☐ 对已交付产品有无影响：☑无；☐有，采取的措施：	
变更后的甲乙双方的承诺： 此单应与施工蓝图具有相等的法律效力。 凡设计变更内容涉及国家强制性规范条文内容的，由甲方负责另行报请有关部门审核。	
业主单位确认：[illegible]	变更日期：[illegible]年[illegible]月[illegible]日
设计项目负责人确认：[illegible]	[illegible]年[illegible]月[illegible]日
施工项目负责人确认：[illegible]	[illegible]年[illegible]月[illegible]日
监理确认：	年　月　日

（修订日期：[illegible]年[illegible]月[illegible]日）　第1页 共1页

示意

设计变更记录单（示意）

实践要点

1. 根据现场情况，应业主要求变更，描述具体改变区域及变更原因。
2. 变更原因可以附会议纪要、手绘图纸、现场影像资料等内容。
3. 变更对其他组成部分有无影响，对已交付产品有无影响，如果有影响，应标明采取的措施。
4. 跟进变更签字手续，保留变更前图纸与变更后图纸对比内容，并及时与施工员、核算员交底变更后图纸。

图为客房卫生间变更图纸，因机电管线影响，灯槽高度由 250 mm 调整为 150 mm。

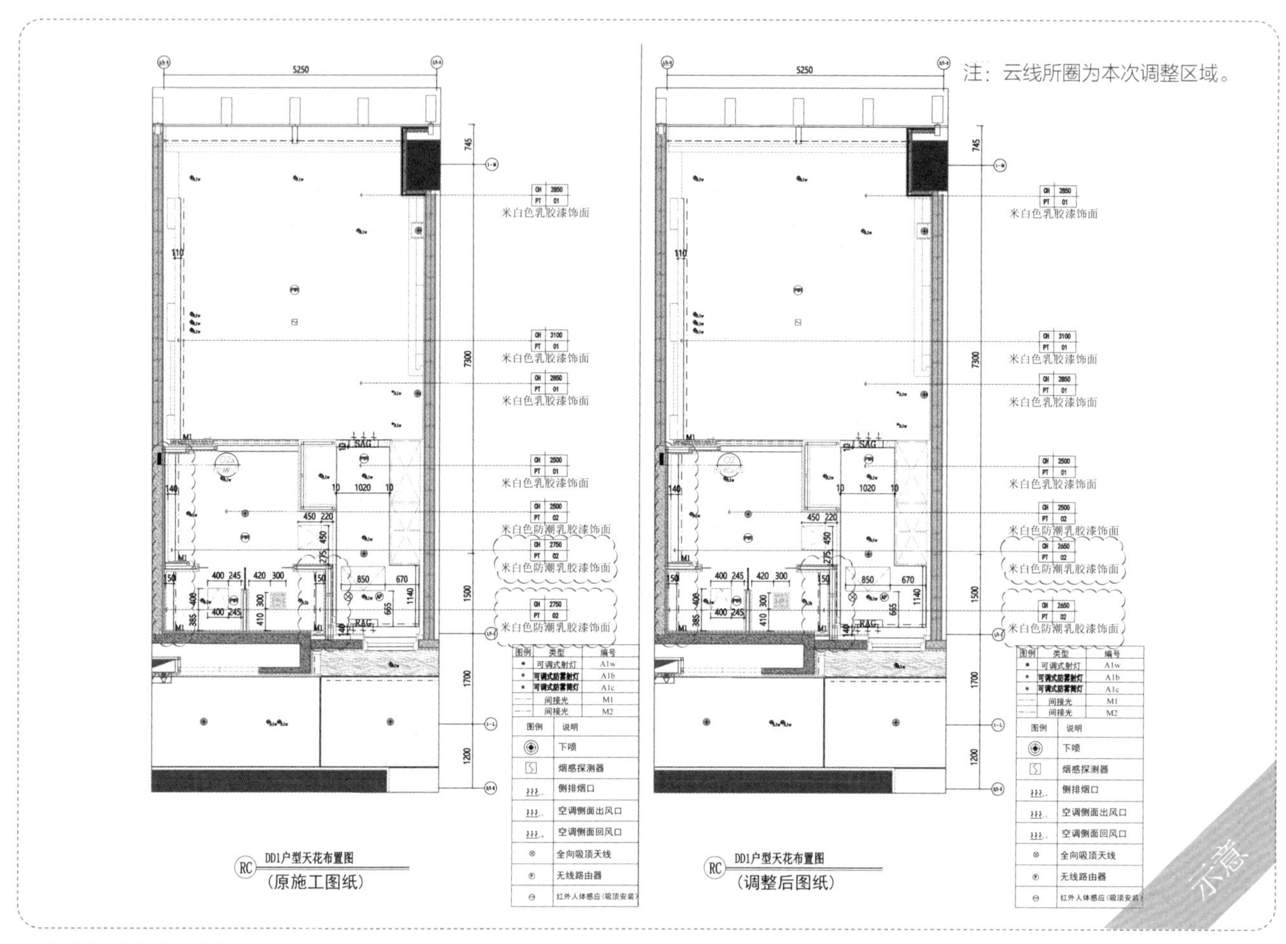

设计变更图纸（示意）

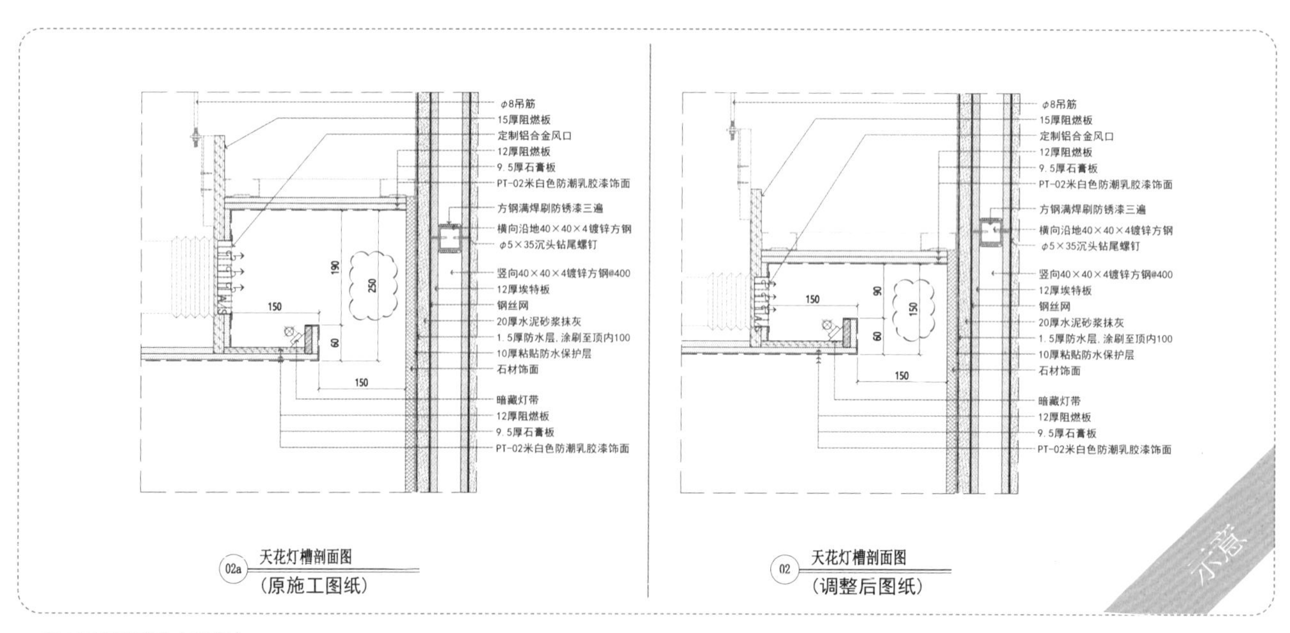

设计变更图纸（示意）

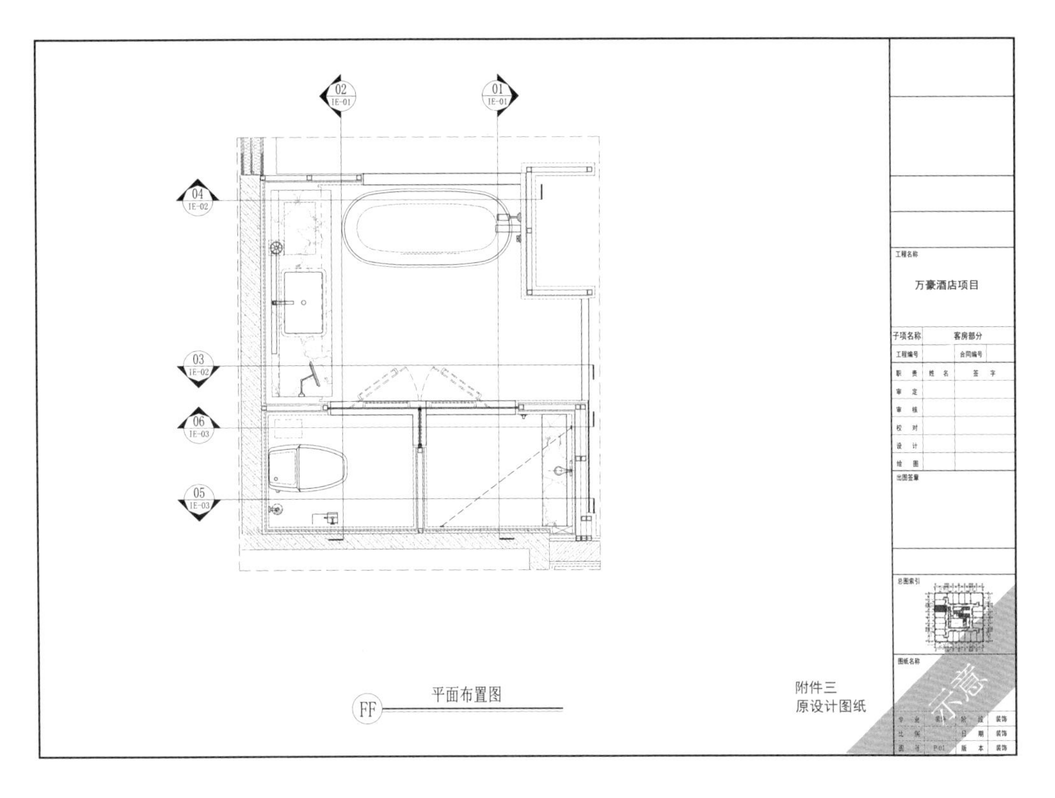

平面布置图
附件三
原设计图纸
万豪酒店项目
客房部分
示意

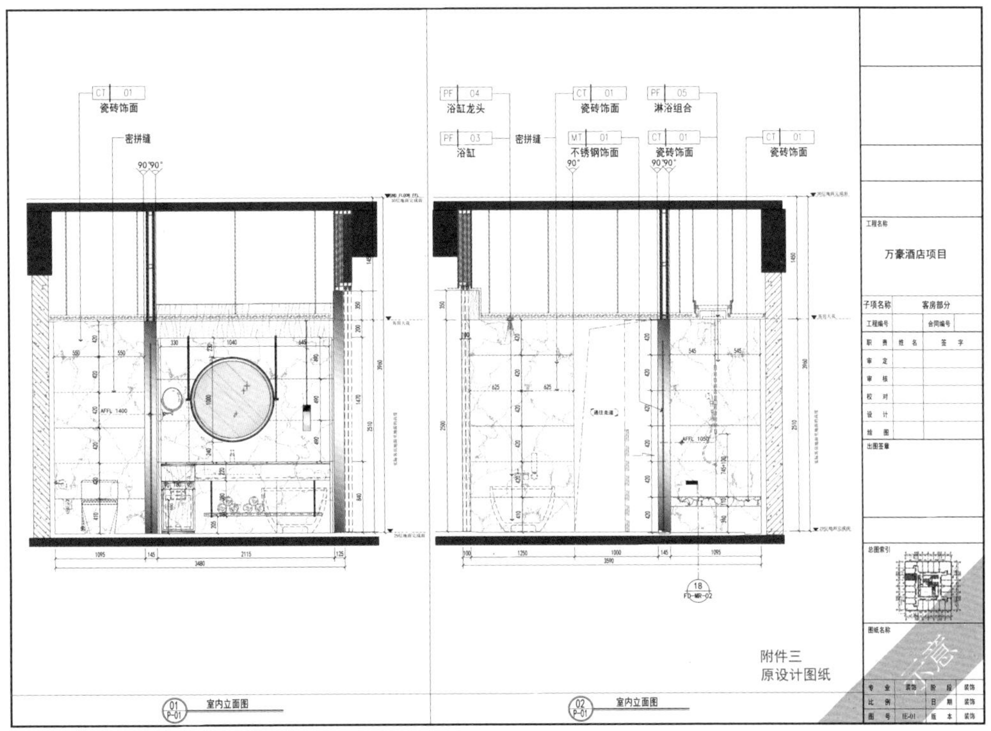

瓷砖饰面
密拼缝
浴缸龙头
浴缸
不锈钢饰面
淋浴组合
室内立面图
附件三
原设计图纸
万豪酒店项目
客房部分
示意

原设计图纸示意（示意）

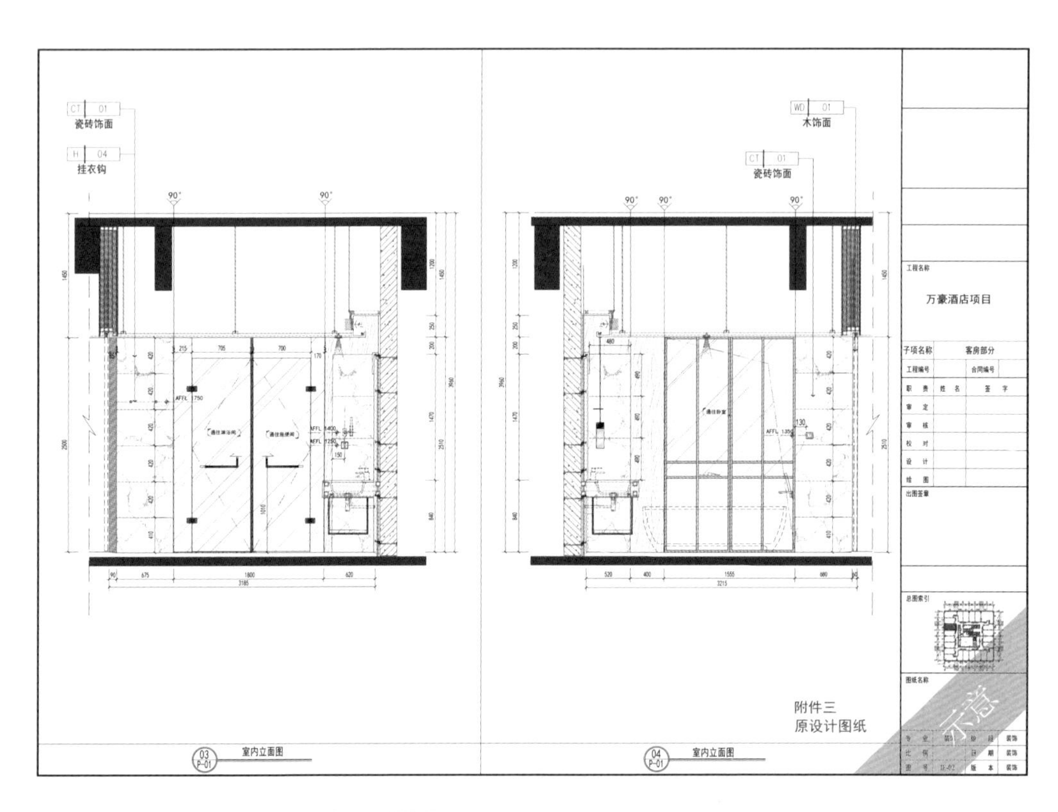
瓷砖饰面
挂衣钩
木饰面
瓷砖饰面
万豪酒店项目
子项名称
客房部分
附件三
原设计图纸
室内立面图
室内立面图
示意

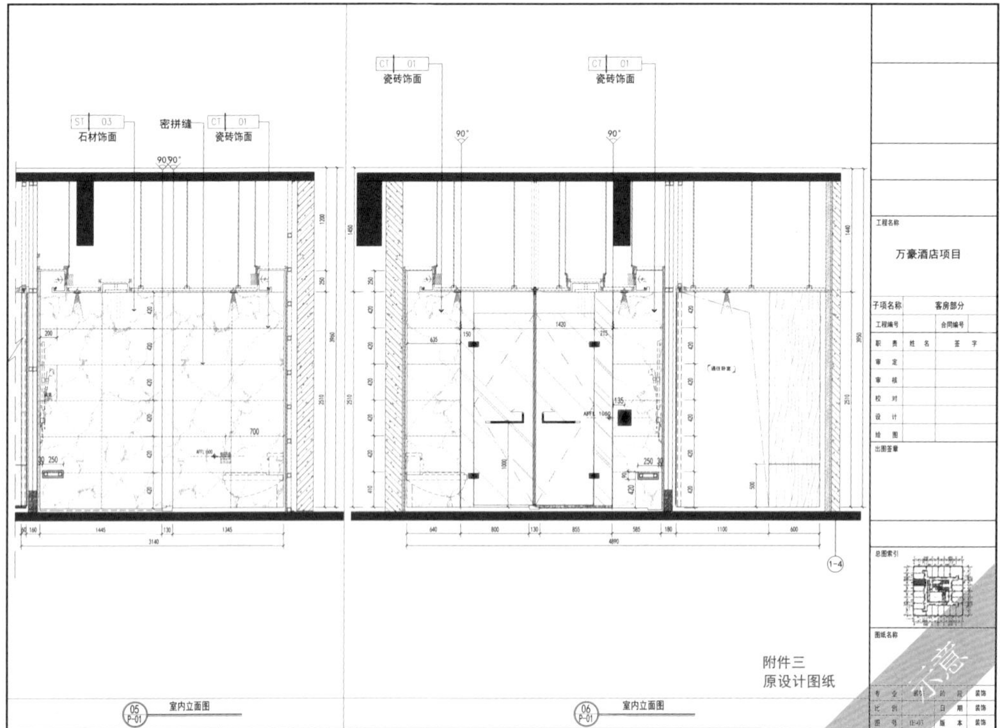
石材饰面
密拼缝
瓷砖饰面
瓷砖饰面
瓷砖饰面
万豪酒店项目
子项名称
客房部分
附件三
原设计图纸
室内立面图
室内立面图
示意

原设计图纸（示意）

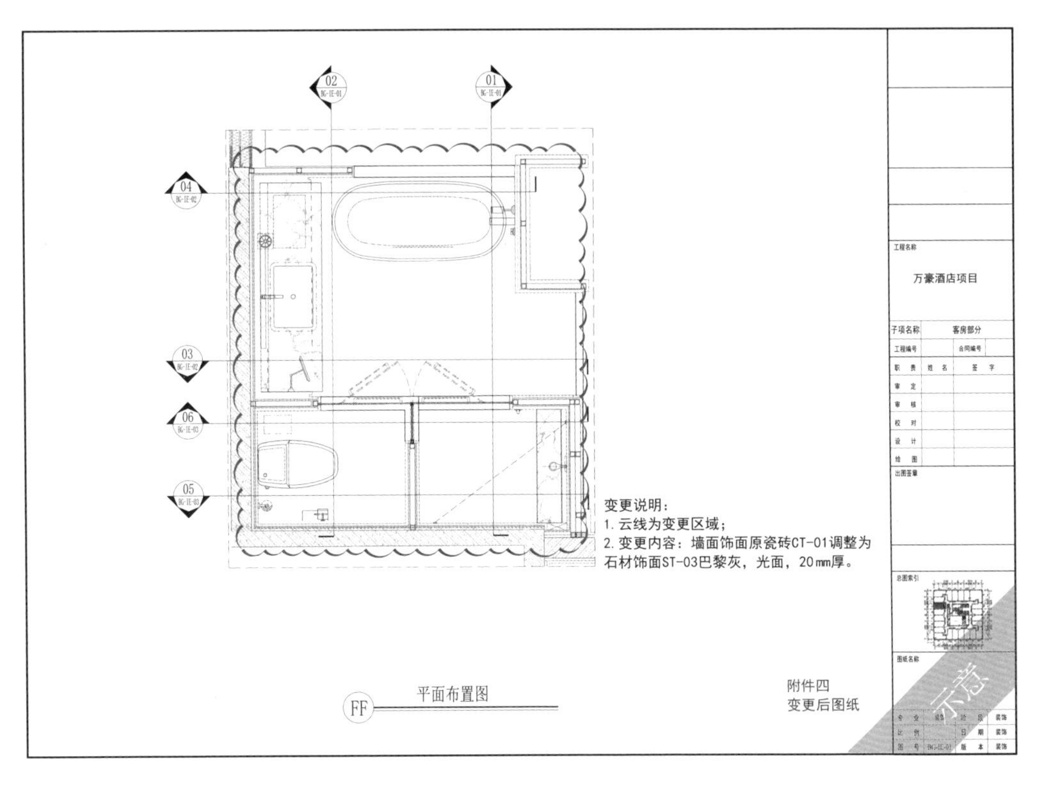
变更说明：
1. 云线为变更区域；
2. 变更内容：墙面饰面原瓷砖CT-01调整为石材饰面ST-03巴黎灰，光面，20mm厚。
万豪酒店项目
子项名称
客房部分
平面布置图
附件四
变更后图纸
示意

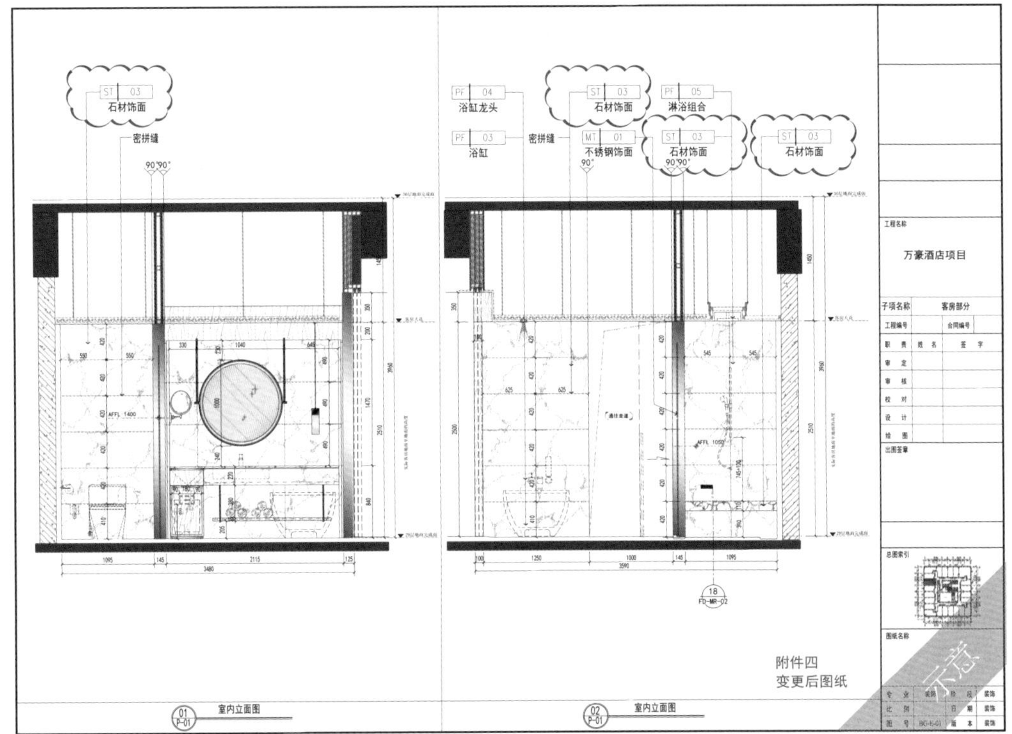
石材饰面
密拼缝
浴缸龙头
浴缸
不锈钢饰面
淋浴组合
万豪酒店项目
客房部分
附件四
变更后图纸
室内立面图
示意

变更后图纸（示意）

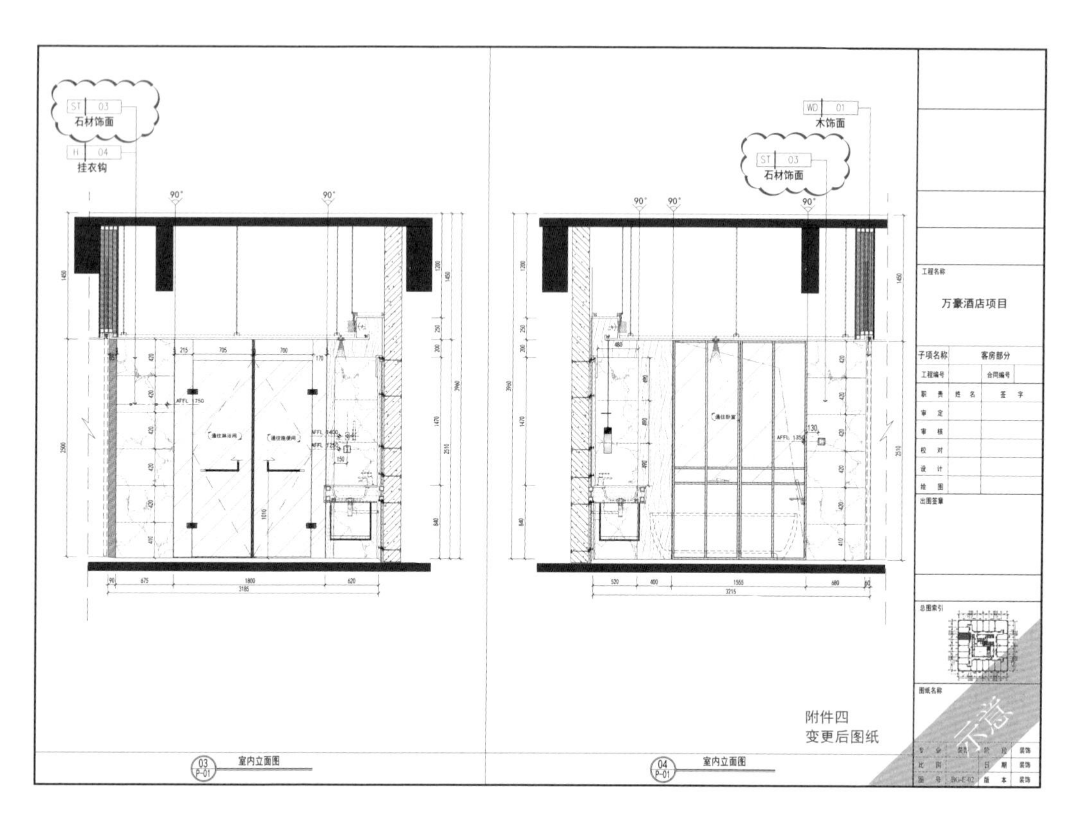
ST 03
石材饰面
H 04
挂衣钩
WD 01
木饰面
ST 03
石材饰面
工程名称
万豪酒店项目
子项名称
客房部分
室内立面图
室内立面图
附件四
变更后图纸
示意

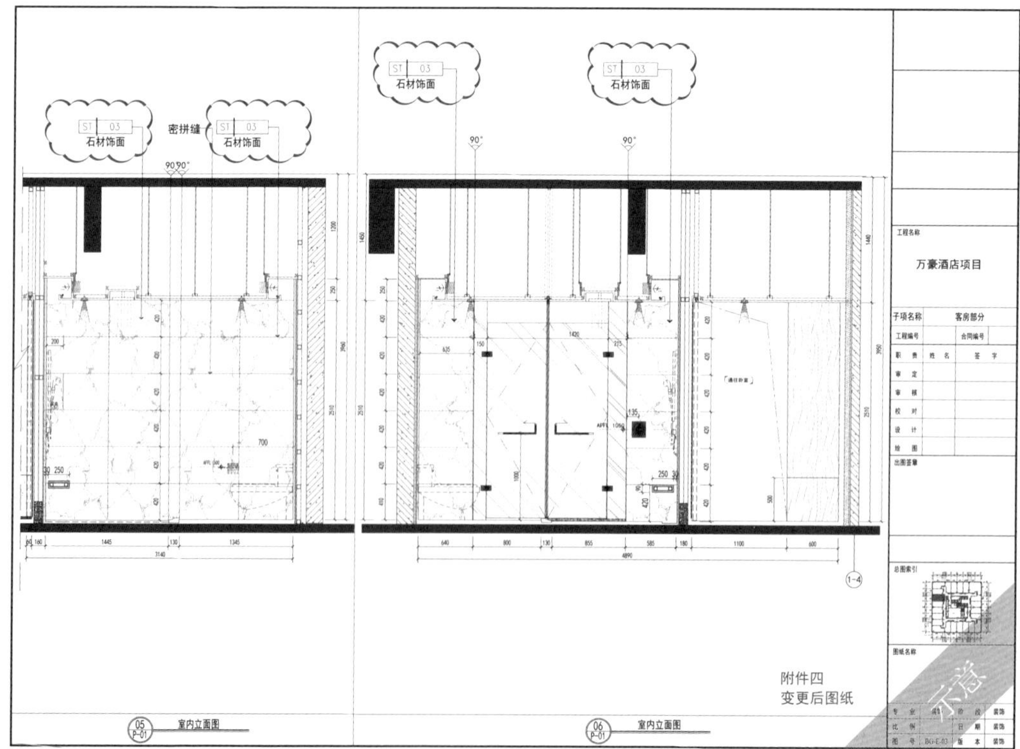
ST 03
石材饰面
密拼缝
ST 03
石材饰面
ST 03
石材饰面
ST 03
石材饰面
工程名称
万豪酒店项目
子项名称
客房部分
室内立面图
室内立面图
附件四
变更后图纸
示意

变更后图纸（示意）

2.5.3 现场洽商配图

施工过程中会出现与合同规定不符事件，这些事件往往也不在施工图纸、设计变更图的范围内。在施工过程中这些事件一旦发生，应配合预算调整相应图纸，形成现场洽商配图，并指导现场施工，作为对内对外跟进流程的依据。

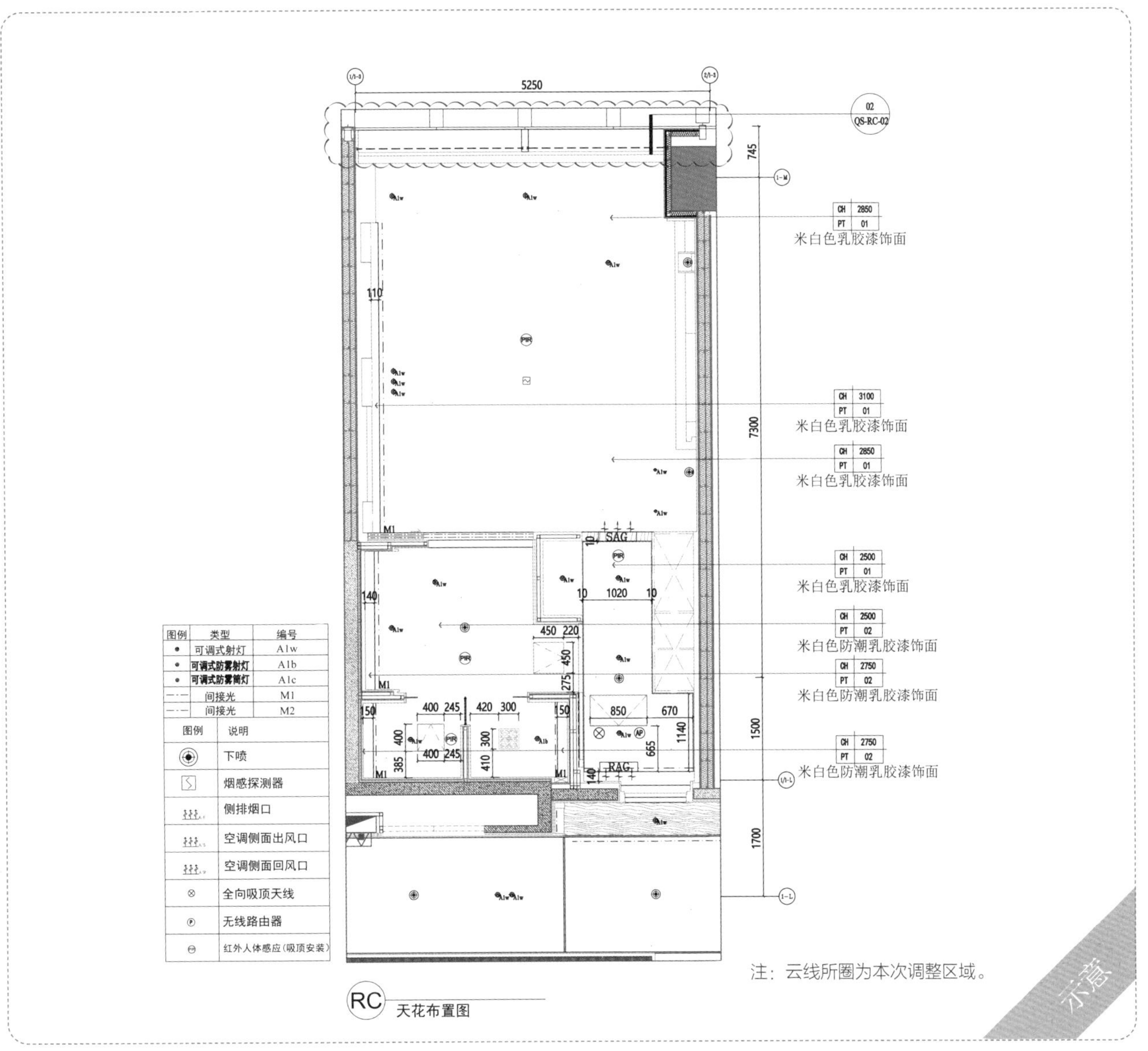

现场洽商配图（示意）

实践要点

1. 描述具体调整区域及做法调整前后对比图纸作为洽商配图。

2. 常见洽商：墙体调整，如砌筑墙体改为钢架墙体；基层调整，如原建筑墙抹灰改为轻钢龙骨封石膏板、基层增加钢架；工艺优化，如超高墙面石材采用蜂窝石材干挂。

3. 跟进洽商签字手续，调整后方案及时与施工员、核算员交底。

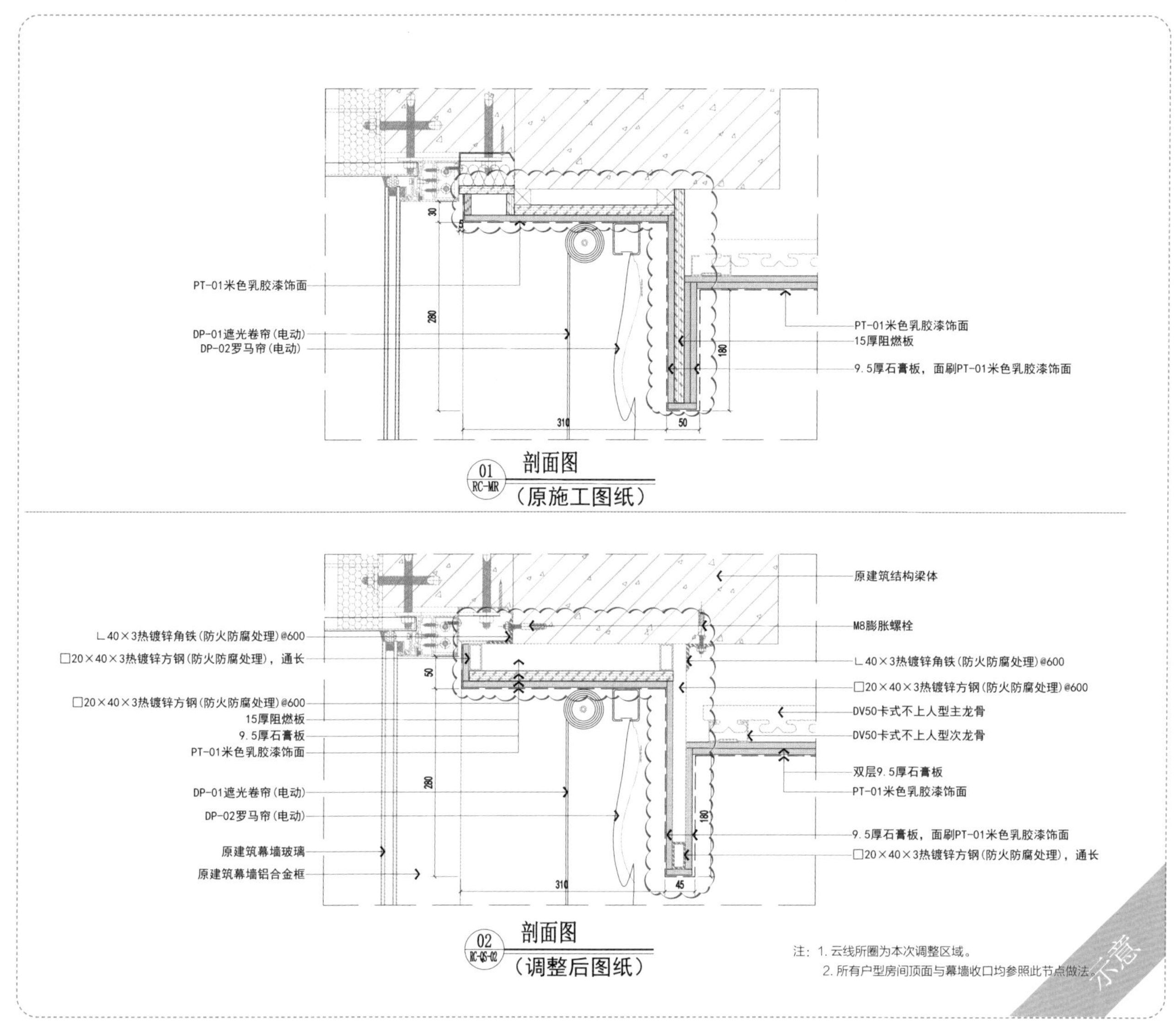
PT-01米色乳胶漆饰面
DP-01遮光卷帘(电动)
DP-02罗马帘(电动)
PT-01米色乳胶漆饰面
15厚阻燃板
9.5厚石膏板，面刷PT-01米色乳胶漆饰面
310
50
180
290
30
01
RC-MR
剖面图
(原施工图纸)
∟40×3热镀锌角铁(防火防腐处理)@600
□20×40×3热镀锌方钢(防火防腐处理)，通长
□20×40×3热镀锌方钢(防火防腐处理)@600
15厚阻燃板
9.5厚石膏板
PT-01米色乳胶漆饰面
DP-01遮光卷帘(电动)
DP-02罗马帘(电动)
原建筑幕墙玻璃
原建筑幕墙铝合金框
原建筑结构梁体
M8膨胀螺栓
∟40×3热镀锌角铁(防火防腐处理)@600
□20×40×3热镀锌方钢(防火防腐处理)@600
DV50卡式不上人型主龙骨
DV50卡式不上人型次龙骨
双层9.5厚石膏板
PT-01米色乳胶漆饰面
9.5厚石膏板，面刷PT-01米色乳胶漆饰面
□20×40×3热镀锌方钢(防火防腐处理)，通长
310
45
180
290
50
02
RC-QS-02
剖面图
(调整后图纸)
注：1. 云线所圈为本次调整区域。
2. 所有户型房间顶面与幕墙收口均参照此节点做法。
示意

现场洽商配图（示意）

2.5.4 每周巡检记录

每周巡检记录单不但可以加强深化设计施工过程管理，提高现场进度掌控度，及时发现问题、反馈问题并跟踪反馈结果，而且可以对现场重点区域及时做好影像资料记录，为项目隐蔽资料、竣工图绘制、项目总结等后期工作做好有效过程的资料收集，避免因人员流动造成后续工作难以衔接。

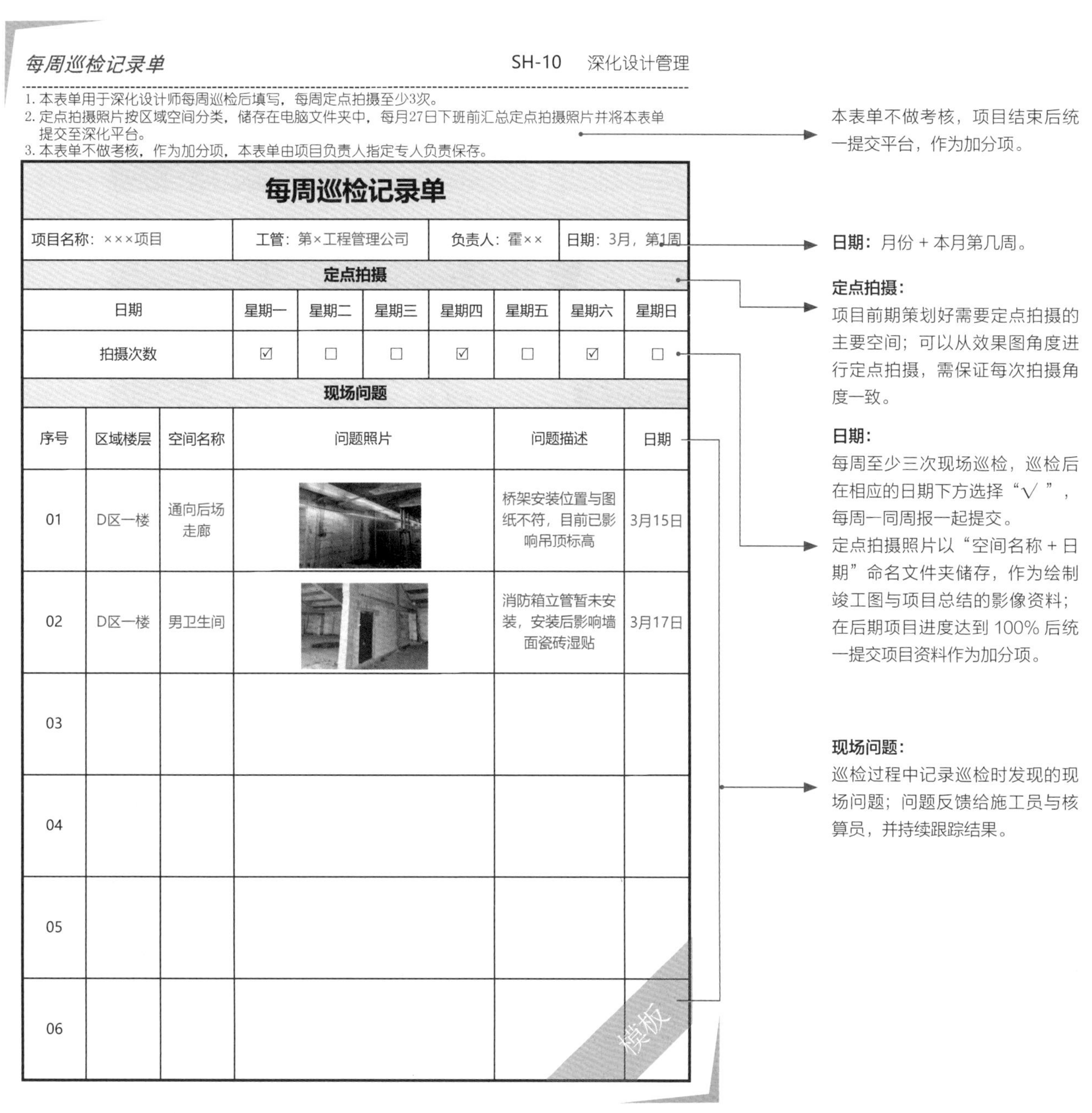

每周巡检记录单　SH-10　深化设计管理

1. 本表单用于深化设计师每周巡检后填写，每周定点拍摄至少3次。
2. 定点拍摄照片按区域空间分类，储存在电脑文件夹中，每月27日下班前汇总定点拍摄照片并将本表单提交至深化平台。
3. 本表单不做考核，作为加分项，本表单由项目负责人指定专人负责保存。

每周巡检记录单

项目名称：×××项目	工管：第×工程管理公司	负责人：霍××	日期：3月，第1周

定点拍摄

日期	星期一	星期二	星期三	星期四	星期五	星期六	星期日
拍摄次数	☑	☐	☐	☑	☐	☑	☐

现场问题

序号	区域楼层	空间名称	问题照片	问题描述	日期
01	D区一楼	通向后场走廊		桥架安装位置与图纸不符，目前已影响吊顶标高	3月15日
02	D区一楼	男卫生间		消防箱立管暂未安装，安装后影响墙面瓷砖湿贴	3月17日
03					
04					
05					
06					

每周巡检记录单（模板）

注：1. 本表单用于深化设计师每周巡检后填写，每周定点拍摄至少 3 次；定点拍摄照片按区域空间分类，储存在电脑文件夹中，项目进度达到 100% 后统一上传平台。巡检过程中，对发现的现场问题及时拍照，并将问题整理到本表单中，放置照片并做简要问题描述，最终将问题反馈给相关的负责人，并持续跟踪结果。

2. 可以根据工期进度合理调整每周拍照频率，以便更好地管控现场。

项目前期应策划好需要定点拍摄的主要空间，可以按照效果图角度进行定点拍摄。

10% 阶段

20% 阶段

30% 阶段

50% 阶段

80% 阶段

100% 阶段

实践要点

1. 每周坚持定点拍摄，保证每个阶段都有对应的照片。巡检过程中记录发现的现场问题，把问题照片及时反馈给施工员，使其能够及时解决。

2. 每周拍摄完现场照片后按区域空间分类，储存在电脑文件夹中，作为绘制竣工图与项目总结的影像资料。

按周建立文件并置放对应时间的照片，照片按照空间与日期命名。

定点拍摄照片汇总 文件夹
巡检问题照片汇总 文件夹

× 月 第一周 文件夹
× 月 第二周 文件夹
× 月 第三周 文件夹
× 月 第四周 文件夹

每周巡检表单 文件夹
每周巡检问题照片 文件夹

问题照片 1 （空间 + 日期） JPG 文件
问题照片 2 （空间 + 日期） JPG 文件

阶段总结

图纸调整贯穿项目整个过程，是深化设计日常工作的重点。做好调整原因记录，可作为对内决算审核的依据。

设计变更作为调整竣工母图的依据，需跟进签字确认，并与施工员、核算员及时交底，保证信息相互对应完整。

应配合核算员做好现场洽商配图工作，同时作为对内对外的签证依据。

深化设计师巡检时需关注现场基层及面层安装，实时掌握现场动态，及时发现现场问题，并与施工员沟通解决方案。

2.6 竣工资料——深化 80% ~ 100% 阶段

模拟项目工期为 16 周。

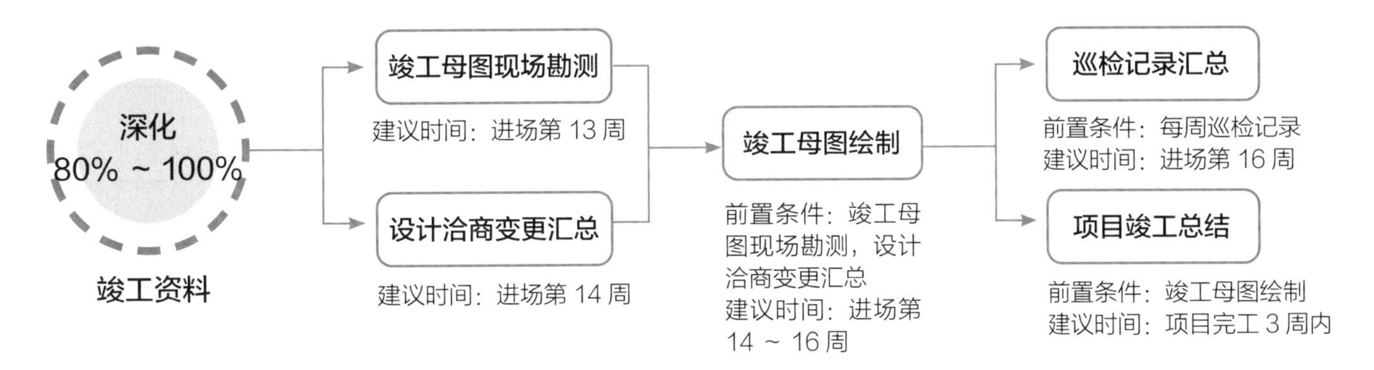

2.6.1 竣工母图现场勘测

1）竣工母图现场勘测记录单

竣工母图现场勘测记录单是为了提高一次性收集竣工母图现场勘测信息的完整度、准确度，从而提高竣工母图绘制的工作效率。

墙、顶、地材料：
饰面材料可以根据下拉菜单选择；材料编号按照材料下单图填写，需现场核对材料编号是否统一。

风口、检修口：
风口、检修口尺寸依据下单图填写，现场核对数量。

开关插座面板：
按照入库资料填写品牌信息，现场核对数量。

灯具：
按照入库资料填写品牌，核对图纸灯带长度；现场核对筒灯数量，交予核算员比对灯具数量。

竣工母图现场勘测记录单

SH-14 深化设计管理

1. 本表单用于深化设计师在母图现场勘测时填写。
2. 本表单记录清楚现场尺寸、面层材质及数量信息，项目部需配合确认。
3. 本表单由项目负责人指定专人负责保存，在动态管控表计划内上传深化平台，记入考核。

竣工母图现场勘测记录单

项目名称：×××项目　工管：第×工程管理公司　负责人:霍××　日期：××/××/××

编号	区域楼层	房间名称	墙面材质	材料编号	顶面材质	材料编号	地面材质	材料编号	踢脚线材质	材料编号	风口尺寸	数量	材质	检修口尺寸(mm)	数量	开关数量	品牌	强电插座数量	品牌	弱电插座数量	品牌	筒灯数量	品牌	暗藏灯带长度(m)	品牌	备注
01	A区客房三层	306大床房(卧室)	墙纸 扪布 木饰面	WC-01 UP-01 WD-01	涂料 不锈钢	PT-01 MT-02	石材 地毯	ST-01 CR-01	不锈钢	MT-01	4.2×0.2 0.8×0.3	1 1	铝合金	780×730	1	双控2个 三控5个	罗格朗	五孔8个 USB2个	罗格朗	网络2个 电话1个 电视1个	罗格朗	射灯2个 筒灯6个	西顿	14.3	西顿	
02	A区客房三层	306大床房(卫生间)	石材 玻璃 木饰面	ST-01 GL-01 WD-01	涂料 不锈钢	PT-02 MT-02	石材	ST-02	无	无	0.6×0.15	2	铝合金	450×450	2	双控2个 三控1个	罗格朗	五孔3个	罗格朗	紧急1个 电话1个	罗格朗	射灯2个 防雾筒灯4个	西顿	7.5	西顿	
03	A区客房三层	客房走道	扪布 木饰面 不锈钢	UP-02 WD-01 MT-03	涂料	PT-01	石材 地毯	ST-01 CR-01	不锈钢	MT-01	0.6×0.2	1	铝合金	450×450	12	单控7个	罗格朗	五孔7个	罗格朗	无	罗格朗	筒灯60个 射灯7个	西顿	140	西顿	
04	B区一层	大堂吧	肌理漆 玻璃 木饰面	PT-03 GL-01 WD-01	涂料	PT-01	地胶 地毯	VF-01 CR-03	不锈钢	MT-01	0.8×0.2	16	铝合金	450×450	4	双控4个 三控8个	罗格朗	五孔8个 USB2个	罗格朗	网络4个 电话2个	罗格朗	筒灯40个 射灯4个	西顿	85	西顿	
05	C区一层	宴会厅	扪布 木饰面 不锈钢	UP-02 WD-01 MT-03	涂料 不锈钢	PT-01 MT-03	石材 地毯	ST-02 CR-02	不锈钢	MT-01	1.6×0.3 1.5×1.2	10 2	铝合金	450×450	4	双控4个 三控7个	罗格朗	五孔8个 USB2个	罗格朗	网络4个 电话2个	罗格朗	筒灯50个 射灯15个	西顿	430	西顿	
06																										
07																										
08																										

签字栏

深化设计负责人:　生产负责人:　核算负责人:

模板

竣工母图现场勘测记录单（模板）

注：现场核对材料编号，核对灯具、风口、开关插座数量，核对图纸灯带长度等，完善表格内容，交予核算员比对工程量。

2）竣工母图现场勘测

竣工母图是一种与施工现场一致，对实际工程情况作真实反映，并用于对内决算依据的图纸。在放线配合阶段，复尺收线调整母图就已经开始竣工母图的绘制。现场勘测是调整竣工母图准确性的重要数据来源，深化设计师、施工员、核算员共同对现场进行实测实量，过程中拍摄好每面墙照片，作为调整竣工母图的依据。

深化设计师、施工员、核算员现场复核尺寸

拍摄现场完工照片用于核对墙面信息

现场实测实量后，需要深化设计师、施工员、核算员三方共同在现场勘测图纸上签字，以确保勘测的有效性。

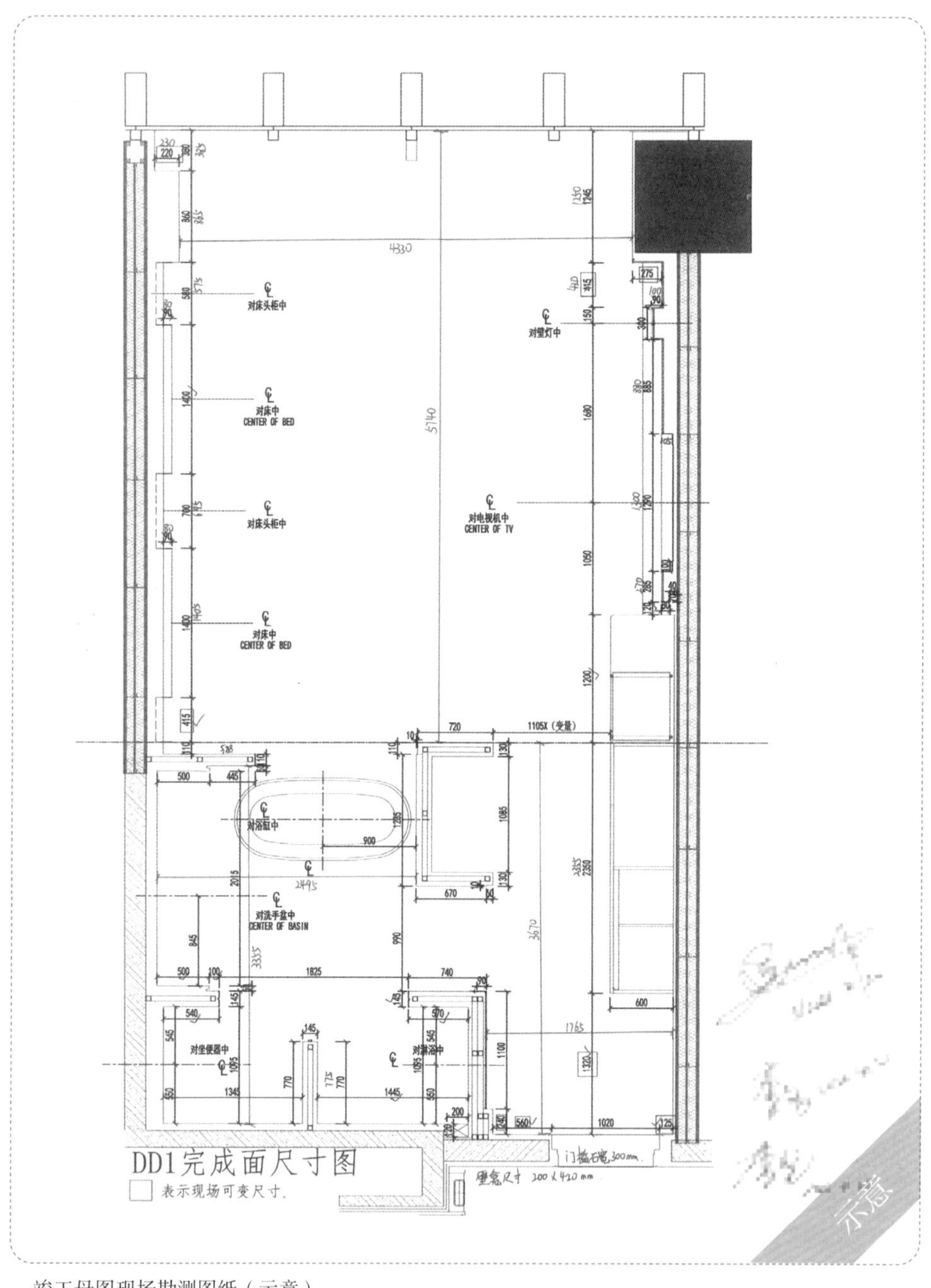

竣工母图现场勘测图纸（示意）

实践要点

1. 现场核实每个空间长度、宽度、标高及主要造型尺寸，详细记录在平面图纸上。
2. 现场核对墙面、顶面点位，风口、检修口数量，记录在竣工母图现场勘测记录单上。
3. 对照材料表检查现场面层材料是否一致。
4. 关注门槛石、窗台板、地漏等容易忽略的材料。

2.6.2　竣工母图绘制

竣工母图完成情况确认表，需在项目进度 95% 前，完成竣工母图完成情况确认表的签字，上传深化平台。

竣工母图完成情况确认表　　SH-16　深化设计管理

1.本表单由深化负责人填写后项目经理签字确认。
2.本表单由项目负责人指定专人负责保存，在项目进度80%～95%阶段内上传深化平台，记入考核。

竣工母图完成情况确认表	
项目名称:	**深化设计:**
所属工管:	**合同类型:**
内容	**完成情况**
尺寸是否进行现场复合	
面层材料是否与现场进行核对	
是否与商务、施工、资料、采购进行对接	
项目经理意见：（主要针对以上标准动作进行确认并给出评价）	

项目经理:　　　　年　月　日

模板

竣工母图完成情况确认表（模板）

竣工图出图报告，需在项目完工 30 天内完成竣工图，出图报告需签字，上传深化平台。

竣工图出图报告　　SH-17　深化设计管理

1.本表单由深化负责人填写后，项目经理签字确认。
2.本表单由项目负责人指定专人负责保存，在项目进度100%后30天内上传深化平台，记入考核。

竣工图出图报告	
项目名称：	深化设计：
所属工管：	
内容	完成情况
竣工策化内容是否落地	
项目部内审	
竣工图会审	
最终调整（是否已完成）	
项目经理意见：	
项目经理：　　年　月　日	

模板

竣工图出图报告（模板）

竣工图不是从无到有绘制出来的，而是深化工作中很多阶段性成果的累计叠加，最终通过整合过程资料整理而形成的。项目深化负责人不仅要协助现场施工员完成施工工作，还要注重过程中的资料收集与管理。这些资料包含收线调整后母图、隐蔽图纸、下单图、排板图、设计变更图、现场洽商配图和签证。

竣工母图是竣工图的一部分，反映的是跟现场尺寸与做法一致的图纸，是竣工图的基础部分；绘制竣工母图是一个重要的工作环节，它需要准确、清晰、完整、规范地反映出工程完工后的实际情况。

1）竣工图绘制要点

与现场一致：竣工图必须准确地反映工程的实际情况，包括平面功能布局、工艺做法、 内部结构等方面要与现场一致。顶面天花高度也要与现场一致，灯具、检修口、风口等机电点位数量要按现场核对。节点部分基层标注要与现场一致，图纸目录要与图纸名称保持一致。

内容完整：项目所有空间需有对应图纸做法，如设备用房等简装空间，应有相应的墙、顶、地的涂料施工做法说明。立面图需体现强弱电开关插座点位；立面若有转折，需在图纸中表示出转折符号及尺寸标注，或画展开面以方便审计计算工程量。

尺寸精准：绘制竣工图时要进行现场勘测，需将实测实量的现场尺寸反馈到图纸，平面图、立面图、节点图尺寸需保持一致。

竣工母图的审核：竣工母图绘制完成后，应进行严格的审核，确保图纸的准确性。

核算员、深化设计师、施工员和项目经理应共同参与竣工母图的审核，并记录会审的意见及结果，相应修改图纸。

竣工图绘制及资料归档：竣工图根据项目部竣工图策划会议内容要求，在竣工母图基础上完善图纸，形成最终竣工图，需在竣工图上加盖竣工图章。竣工图章是确认工程已经竣工的标志，是竣工图归档的必要步骤。最后进行竣工图归档。

2）完成面尺寸图竣工母图绘制

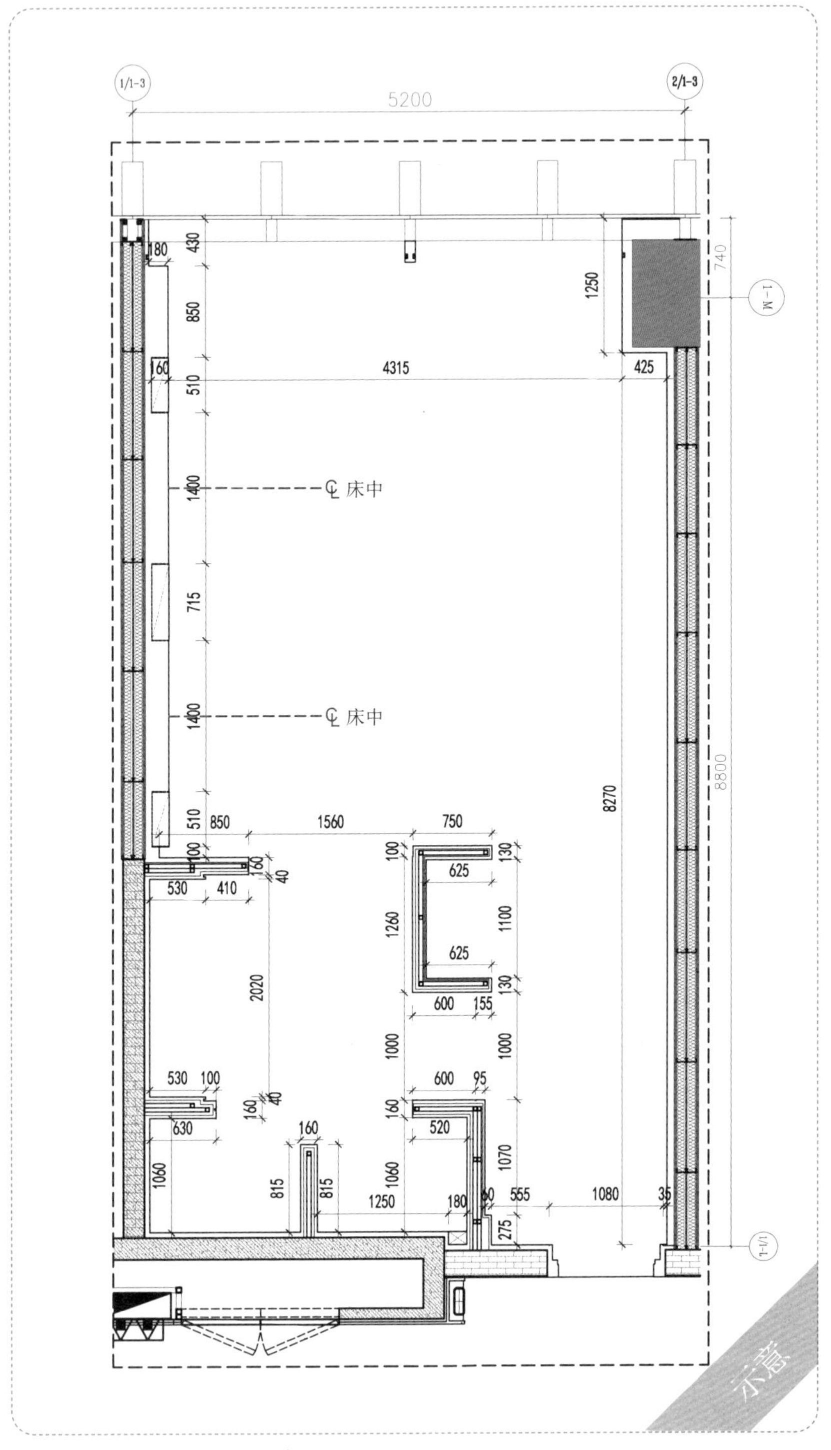

完成面尺寸图竣工母图（示意）

实践要点

1. 现场需核实每个空间尺寸，尺寸需精确到厘米，测量时注意各专业尺寸一致。

2. 尺寸需现场测量后准确反映到图纸上，标注需完善。核实现场面层材料需标注长宽尺寸，以便于核实工程量；平面按现场尺寸修改完后，相应调整地面铺装图、天花造型图。

3）综合天花图竣工母图绘制

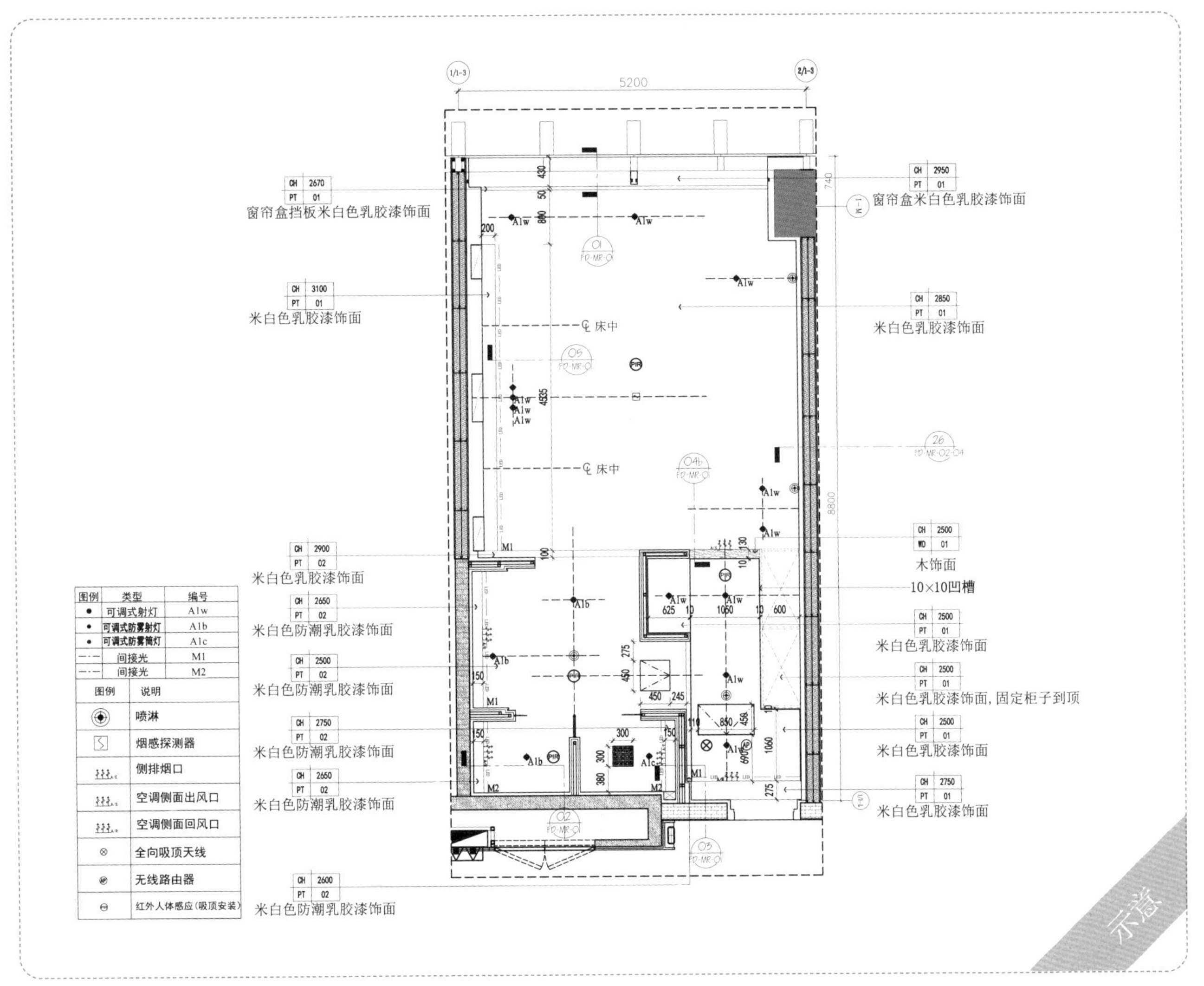

综合天花图竣工母图（示意）

实践要点

1. 顶面天花高度与现场一致，灯具、检修口、风口数量按现场核对，所有灯具需编号完整，灯带长度标注清晰 ，按下单图标注风口尺寸。

2. 详细标注天花材质及标高尺寸，不同材质造型需标注完整，并对应节点做法。

3. 顶面钢架转换层需绘制区域范围，并按现场实际做法完善节点大样。

4）立面图竣工母图绘制

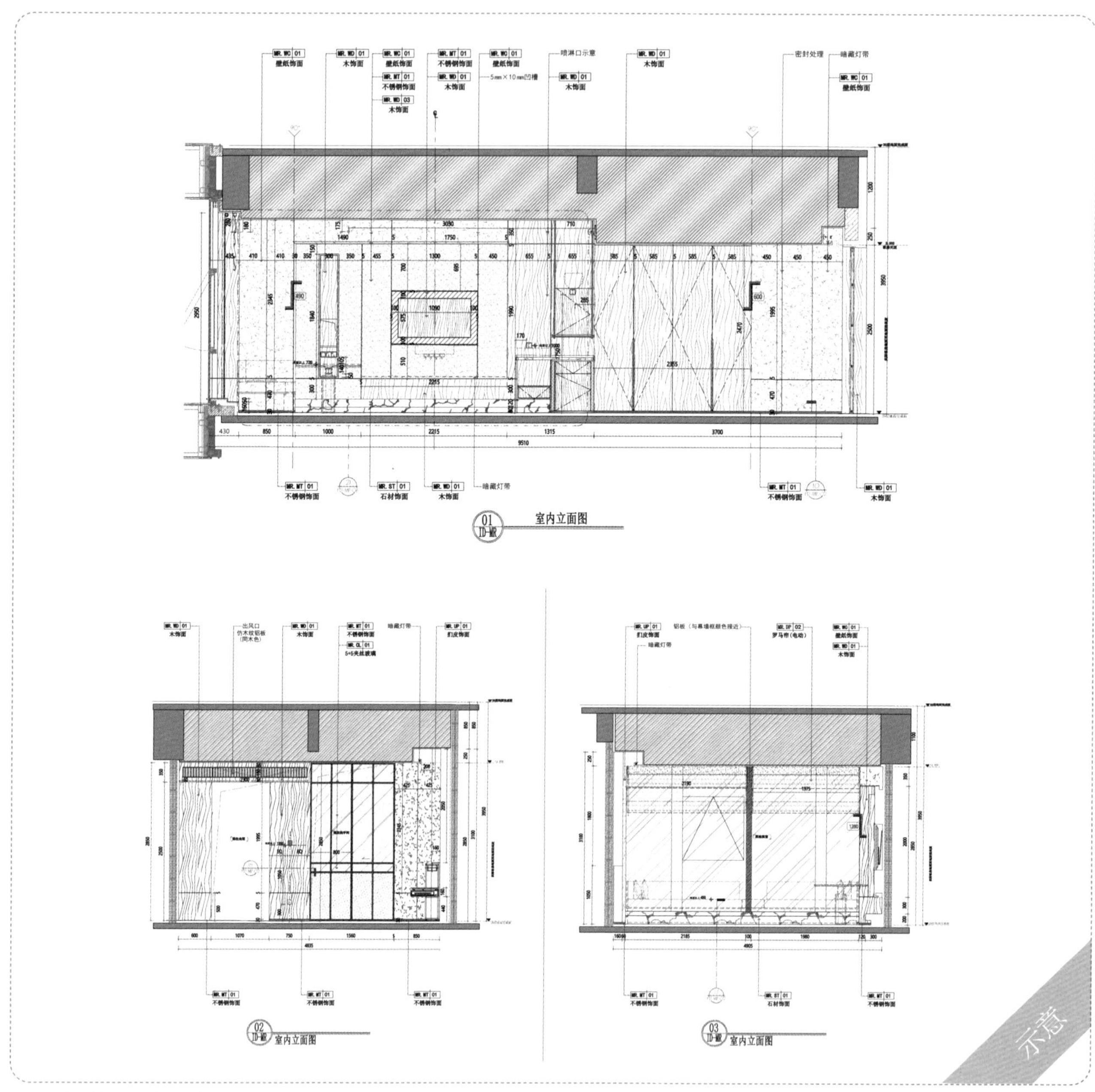

立面图竣工母图（示意）

实践要点

1. 补充缺失空间立面图纸，平立面图索引符号需对应，按修改后的平面尺寸调整立面图，立面图若有转折，需在图上表示清楚转折符号及尺寸。

2. 核查立面材料是否与现场统一，可以使用查找替换命令修改面层材料信息，避免标注有误。

3. 按现场标高调整立面高度尺寸，立面图需体现强弱电开关面板及插座数量。

4. 墙面造型、不同材质交接处都需标记节点索引，并有详细节点大样图。

2.6.3 设计洽商变更汇总

设计变更 / 洽商汇总表用于汇总所有变更、洽商信息。需每周梳理一次未记录的变更 / 洽商表单，并检查变更 / 洽商内容是否遗漏，与施工员、核算员交底相关内容，避免内部消息传递不及时，影响现场施工及造价。

变更/洽商汇总表　　SH-13　深化设计管理

1.本表单用于深化设计师整理变更/洽商汇总时填写。
2.本表单用于记录变更/洽商编号、时间、内容等信息。
3.本表单由项目负责人指定专人负责保存，项目竣工前上传深化平台，记入考核。

本表单用于变更 / 洽商汇总填写，每周梳理一次未记录的变更 / 洽商内容，并与施工员、核算员沟通，避免内部消息传递不及时。

变更/洽商汇总表

项目名称：×××项目　工管：第×工程管理公司　负责人：张××　日期：××/××/××

序号	变更/洽商编号	变更/洽商时间	区域楼层	房间名称	图纸编号	变更/洽商内容	满足签证资料是否下发	备注
1	【甲方下发变更编号】	2020.05.03	二层	理疗房05/03A	BG-NG-01	理疗房功能调整	是	
2	【甲方下发变更编号】	2020.05.04	负一层	厨房	FF-B1-02	新增施工区域	是	
3	【甲方下发变更编号】	2020.05.05	三层	养生房07	BG-3F-03	幕墙做法调整	否	设计部未签字
4	YS-ZB01	2020.05.06	三层	卫生间	BG-3F-07	卫生间石材湿贴改干挂	是	
5	YS-ZB02	2020.05.08	一层	大堂	BG-1F-05	吊顶50系列不上人龙骨改为50系列上人龙骨	是	

以项目实际收发的变更 / 洽商编号为准，变更 / 洽商内容需描述清晰，查看业主是否签字确认，若未签字，需注明原因。

签字栏		
深化设计负责人	资料负责人	核算负责人
__年__月__日	__年__月__日	__年__月__日

模板

变更 / 洽商汇总表（模板）

注：1. 深化设计负责人、资料员、核算员共同对变更 / 洽商汇总表签字。
2. 变更 / 洽商需要每月汇总，并及时进行交底，保证信息畅通。

图纸签字确认后，进行分类归档，及时与施工员核算员交底。

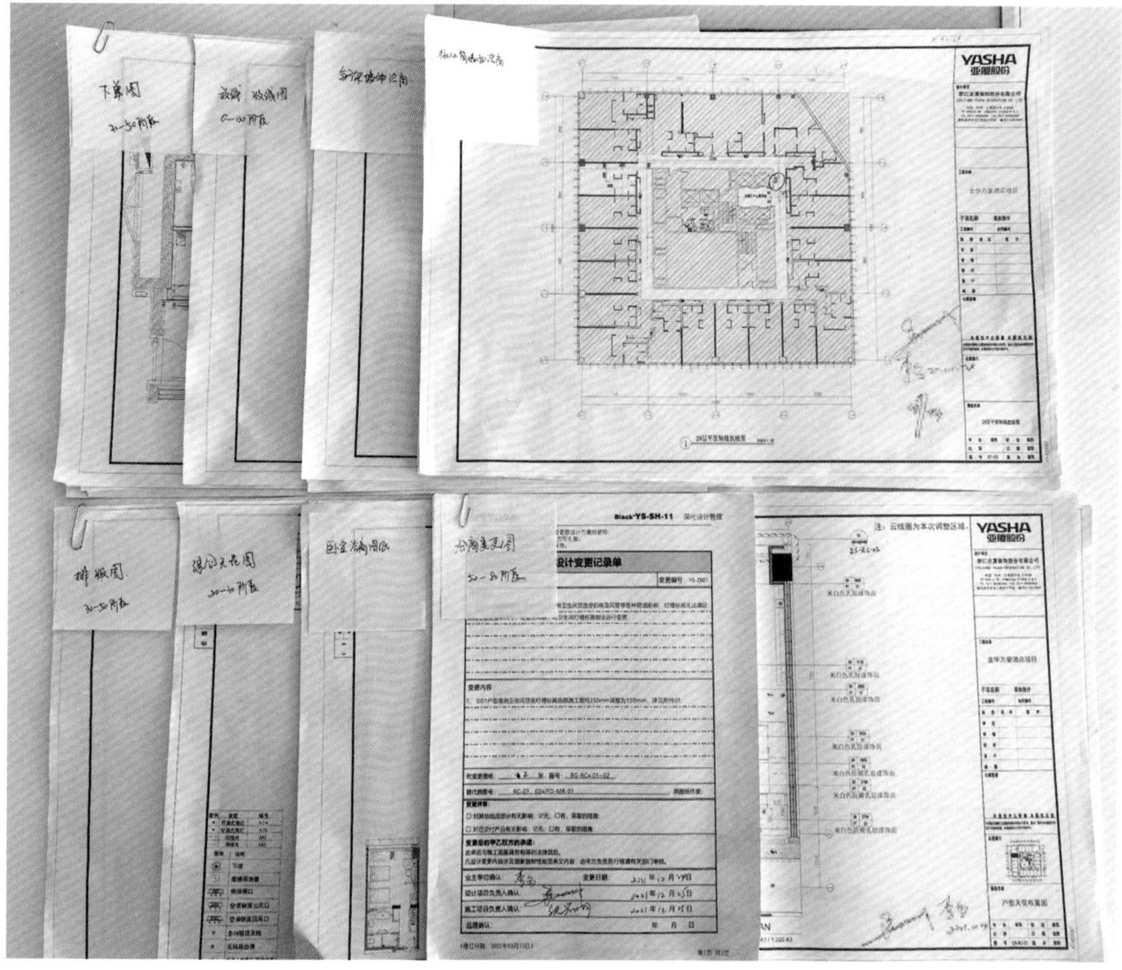

洽商变更图纸整理

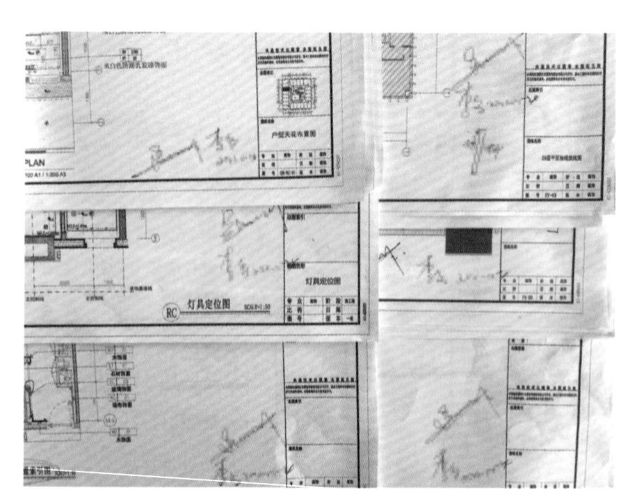

图纸签字确认

洽商变更资料归档

图纸资料原件统一移交给资料员归档，核算员保留一份复印件，深化设计师保留电子版扫描件。

变更/洽商汇总表 **SH-13** 深化设计管理

1. 本表单用于深化设计师整理变更/洽商汇总时填写。
2. 本表单用于记录变更/洽商编号、时间、内容等信息。
3. 本表单由项目负责人指定专人负责保存，项目竣工前上传深化平台，记入考核。

变更/洽商汇总表

项目名称：[illegible]项目			工管：[illegible]工程管理公司			负责人：张[illegible]	日期：[illegible]	
序号	变更/洽商编号	变更/洽商时间	区域楼层	房间名称	图纸编号	变更/洽商内容	业主是否签字确认	备注
1	ZB-001	2022.02.10	二层	理疗房05/03A	BG-2F-01	墙面涂料改为乳胶漆	是	
2	ZB-002	2022.02.15	负一层	餐厅	BG-BF-03	墙砖改为陶瓷薄板	是	
3	ZB-003	2022.03.6	三层	养生房07	BG-3F-03	卫生间石材湿贴改干挂	是	
4	YS-QS01	2022.03.10	三层	大包房	BG-3F-07	增加窗帘盒节点	否	设计部未签字
5	YS-QS02	2022.03.18	一层	大堂	QS-1F-05	吊顶50系列不上人龙骨改为60系列上人龙骨	是	
6	YS-QS03	2022.04.12	一层	公卫	QS-1F-06	卫生间砌筑墙改为钢架墙	是	
7	YS-QS04	2022.04.12	一层	核心筒	QS-1F-07	核心筒抹灰墙面改为轻钢龙骨石膏板	是	
8	YS-QS05	2022.04.12	一层	大堂	QS-1F-08	背景墙及暗门石材改为蜂窝石材干挂	是	

签字栏		
深化设计负责人	资料员	核算员
[illegible] ____年__月__日	[illegible] ____年__月__日	[illegible] ____年__月__日

示意

变更 / 洽商汇总表（示意）

2.6.4 巡场记录汇总

巡场期间，需要对项目从 0% ~ 100% 阶段定点拍摄照片，以便留档汇总，成为有效的资料依据。

项目进度：0%
展开大面积钢架龙骨施工作业面

项目进度：10%
转换层焊接完毕，进行下一道施工工序

项目进度：30%
开始进行基层板安装

项目进度：50%
开始进行铝方通安装

项目进度：70%
面层材料逐渐安装完成

项目进度：100%
白天的公共大厅

项目进度：100%
夜晚的公共大厅

实践要点

1. 拍摄照片可以加入时间水印，水印应大小合适，不影响照片整体内容，并按周建立文件，放置对应时间照片。

2. 应关注重点空间照片资料，保证其与效果图同一角度，需确保拍摄照片时现场干净整洁，照片清晰。

3. 最终汇总拍照照片作为隐蔽工程及竣工图的资料依据，同时作为竣工总结影音资料。

照片按区域空间分类，储存在电脑文件夹中，项目进度达到 100% 后统一上传深化平台。

定点拍摄照片汇总 文件夹

巡检问题照片汇总 文件夹

A 区一楼：一号会议室

B 区一楼：二号会议室

C 区一楼：多功能厅

D 区二楼：餐厅（听雨轩）

D 区一楼：餐厅（采碟轩）

E 区一楼：公共大厅

× 月 第一周 文件夹

× 月 第二周 文件夹

× 月 第三周 文件夹

× 月 第四周 文件夹

每周巡检表单 文件夹

每周巡检问题照片 文件夹

3 月 1 日公共大厅 JPG 文件

3 月 3 日公共大厅 JPG 文件

3 月 5 日公共大厅 JPG 文件

2.6.5 项目竣工总结

通过对项目的复盘、总结和提炼，巩固自身在项目上的技术和知识掌握，使其更加深刻、系统；通过相互分享和学习，促使团队技术和知识快速提升，使其更加全面；在其后项目实施中避免错误的发生，用丰富的经验指引深化工作的开展。

深化设计项目总结

- 项目概述
  - 项目简介
  - 项目概况
  - 组织架构
  - 合同解读
  - 区域解读
- 项目工作对比总结
  - 效果图、实景图对比
  - 优化方案对比
  - 优化材料对比
  - 重难点分析
- 项目资料总结
  - 设计变更总结
  - 定点拍摄总结
- 项目提升总结
  - 质量复盘
  - 新材料、新工艺
  - 深化进度复盘

实践要点

1. 需详细描述项目情况：项目名称、建设单位、设计单位、工期、造价。

2. 从现场、方案、材料多个维度进行对比，对整体效果还原设计进行比较。

3. 复盘施工过程中深化设计所做的工作内容，深化其在项目中所体现的重要性。

4. 从工程质量、深化进度进行分析提炼，形成可以复制的经验，降低错误率。

效果图、实景图对比

设计还原度是否达到 90% 以上，从效果方面、成本方面优化提升点分析。

某项目一层大堂吧效果图（示意）

某项目一层大堂吧实景图（示意）

1）优化方案对比（示意）

方案存在问题：弧形栏杆的不锈钢竖杆直接焊接在钢板底座上，并且需满足穿线要求，这就使栏杆的整体稳定性减弱。时间一长可能会因碰撞等外力因素的影响而导致松动，对地面石材产生影响。

优化解决措施：在此方案的基础上增加一个金属连接件（不锈钢三通和固定件），可大大提升竖杆的牢固性，同时也能满足两边走线的需求，可谓一举两得。

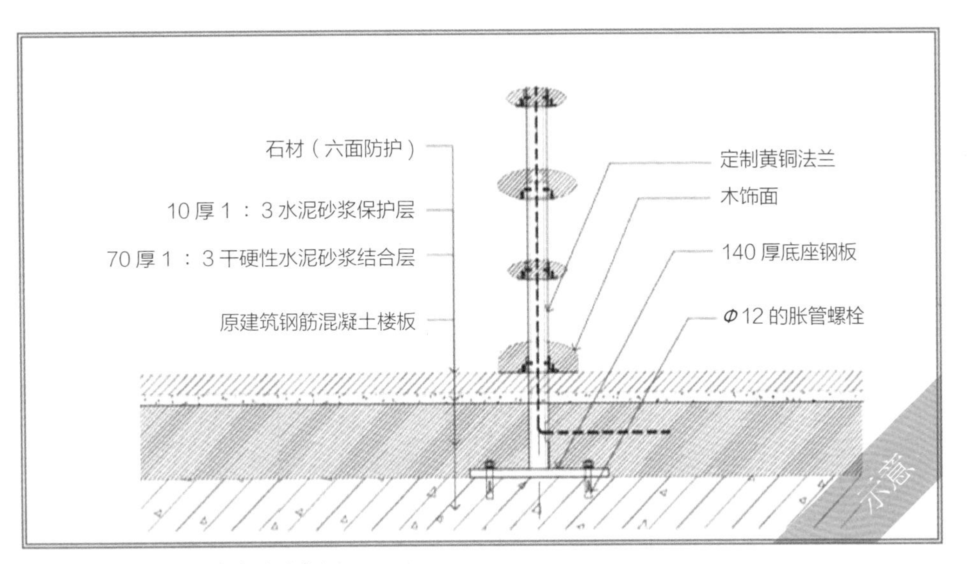

优化方案对比——原方案（示意）

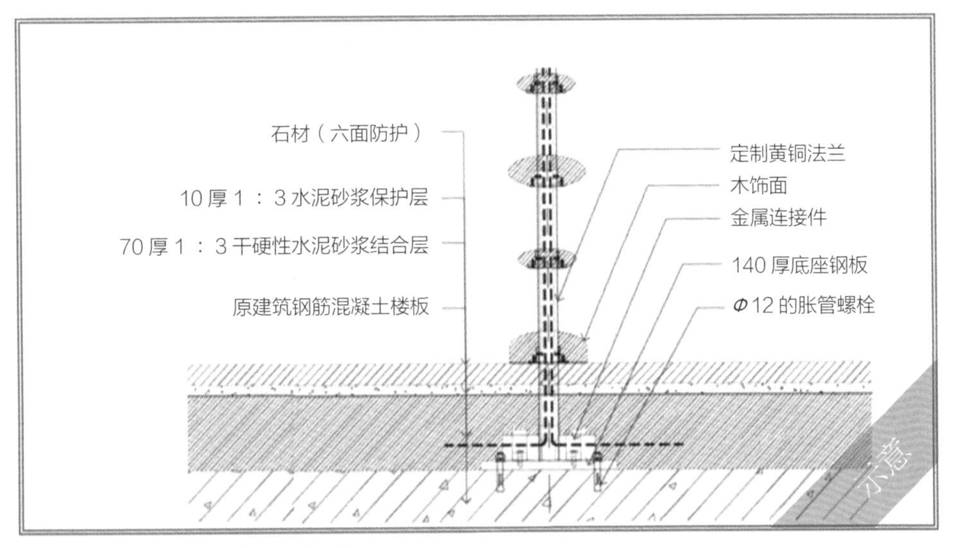

优化方案对比——深化后方案（示意）

2）重难点分析（示意）

GRG 板片安装时，需要明确安装定位图。由于造型曲面的每个点位坐标都在变化，每块 GRG 板片的形状与尺寸都是不同的，因此在安装时每块板片的定位都必须非常准确，需要在安装定位图上标示每块板片各角点三维坐标。相接板片预留 10 mm 宽的拼接缝，并在各板片需拼接的边沿处做 20 mm × 5 mm 填缝槽。

GRG 板片安装效果

GRG 板片安装过程 1

GRG 板片安装过程 2

3）质量复盘（示意）

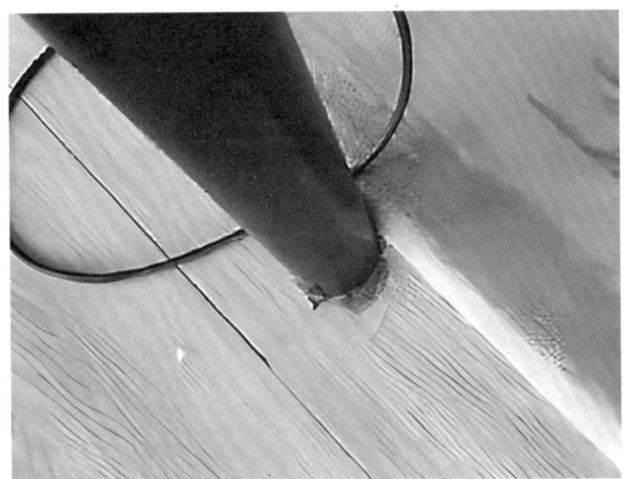

杆底部收口未对法兰盖进行深化设计

木饰面安装时未考虑图案拼接

不锈钢收口未导圆角

钢架预埋板下部未增加防震胶垫

问题照片——石材未通缝

整改后照片——石材通缝铺贴

4）新材料新工艺分析（示意）

材料：泡沫铝是用铝合金发泡的方式生产的新型轻金属材料，具有密度小、强度高、隔声隔热、耐火耐腐蚀等诸多优异的性能。

规格：常规尺寸为 600 mm ×600 mm、600 mm × 1200 mm。

适用空间：体育馆、博物馆、会议报告厅、公共区域大厅等的天花、墙面。

优点：A 级防火、防潮、导热系数低、吸声好、隔声好、高电磁屏蔽、超轻。

缺点：价格高、拼缝处较明显。

新材料新工艺效果

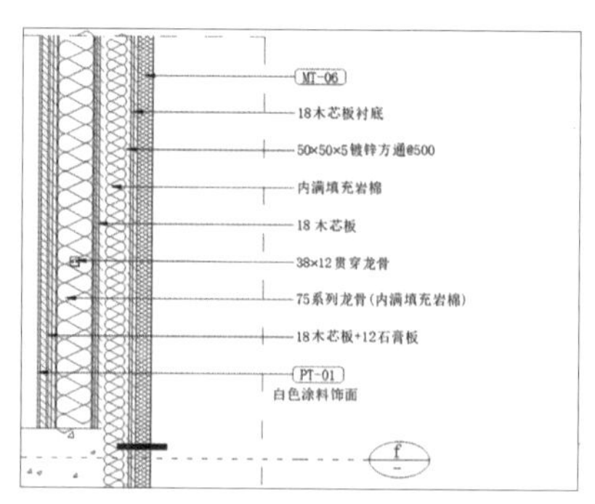

新材料新工艺剖面分析

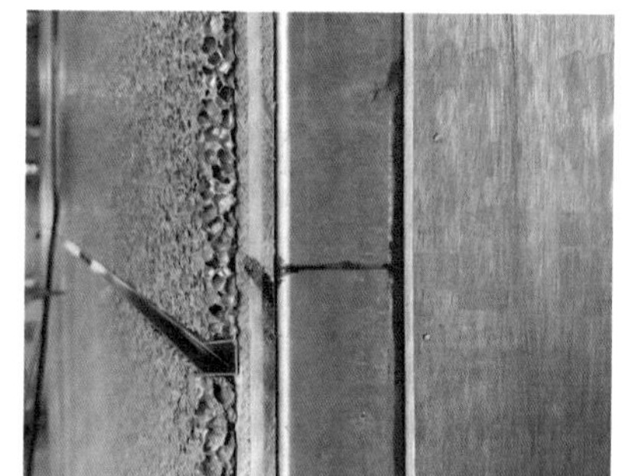

新材料新工艺立面分析

新材料新工艺立面分析

阶段总结

绘制竣工母图前，深化设计师必须与施工员、核算员一起进行现场勘测，保证所绘制图纸与现场一致。

竣工母图是对内决算的依据，务必要认真调整图纸，仔细核对平面、立面、节点的图纸是否调整到位，确保图纸的完整性、准确性。

变更 / 洽商是一个动态管理过程，前期就应对此项工作进行归类梳理，及时与施工员、核算员交底，保证现场工作及时调整和签证程序的完成。

巡场记录是日常工作的动态过程，定点拍摄汇总可作为项目总结依据，同时也是项目成果的体现。

整个项目做完需及时对项目进行竣工总结，归纳总结项目优点与不足，为公司今后的项目提供参考案例，并借此提升个人的专业能力。

3
深化设计质量通病与防范

隔墙工程质量通病与防范

吊顶工程质量通病与防范

墙面工程质量通病与防范

3.1 隔墙工程质量通病与防范

3.1.1　门窗洞口处轻钢龙骨隔墙未加固

1）通病现象

轻钢龙骨隔墙门框四周加固不到位，造成在使用过程中门框变形，门框附近的饰面出现开裂现象。

2）原因分析

深化图纸中未明确加固位置及方法。

前期未对施工班组进行技术交底，或交底不到位。

施工过程中管控不到位。

3）预防 / 解决措施

门框四周用方钢加固（如 40 mm×60 mm 镀锌方钢），竖向钢架与横向钢架的连接处须进行加固处理，竖向钢架应与顶面、地面的结构层牢固连接。

施工中加强技术交底与过程管控。

问题案例

正确做法

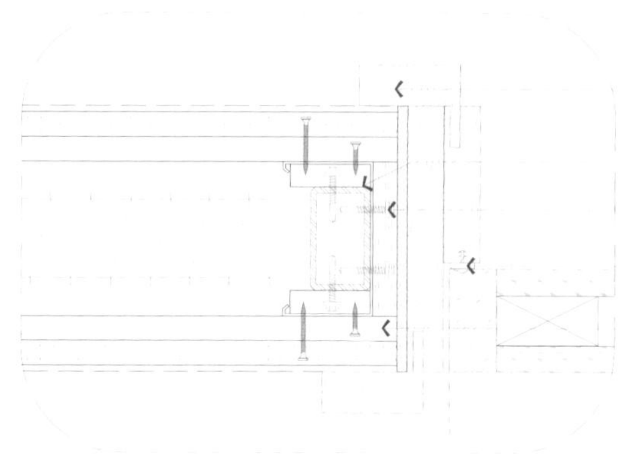

节点做法

3.1.2 轻钢龙骨石膏板隔墙底部受潮霉变

1）通病现象

轻钢龙骨隔墙底部受潮霉变，墙布、乳胶漆脱落。

2）原因分析

深化图纸中未明确轻钢龙骨隔墙下部混凝土导墙做法。

轻钢龙骨隔墙石膏板直接落地。

空间环境温度、湿度影响。

3）预防 / 解决措施

有防潮要求的轻钢龙骨隔墙应在底部设置 C20 细石混凝土导墙，混凝土导墙至少高于相邻地面饰面层 200 mm，导墙宽度依据设计要求。

湿度较大区域，隔墙底部采用水泥压力板，与踢脚线同一高度。

地下室等潮湿区域应采用防潮石膏板或埃特板施工。

问题案例

正确做法

双层 12 厚纸面石膏板
U 形 75×50×0.8 沿地龙骨
10 厚减震隔声橡胶垫
M8 不锈钢膨胀螺栓
水泥压力板
Φ12 通长钢筋
Φ12 竖向植筋 @400
C20 混凝土导墙
封板至地面完成面上 5 ~ 10
植筋胶
300
±0.000

双层 12 厚纸面石膏板
水泥压力板
U 形 75×50×0.8 沿地龙骨
封板至地面完成面上 5 ~ 10
10 厚减震隔声橡胶垫
M8 不锈钢膨胀螺栓
300
±0.000

节点做法

3.1.3 卫生间钢架隔墙施工不规范

1）通病现象

卫生间钢架隔墙固定底部钢架时，因膨胀螺钉将导墙打碎，影响施工质量；钢架直接落地，后期有变形隐患。

2）原因分析

（1）由于部分地垄的宽度只有 60 mm 左右，在施工时很容易把地垄打碎，影响质量。

（2）钢架落地长期在潮湿空间，后期会腐蚀变形。

3）预防 / 解决措施

（1）在施工时先放线，按图纸要求先预埋丝杆，在浇导墙后把钢龙骨打孔并固定在丝杆上，以保证施工质量。

（2）提高混凝土强度等级，且避免在未完全硬化的情况下打孔。卫生间隔墙地垄施工一般采用先浇导墙后在导墙上打孔，并使用膨胀管固定地龙骨的方法，可用专用开孔器打孔安装膨胀管。

问题案例

正确做法

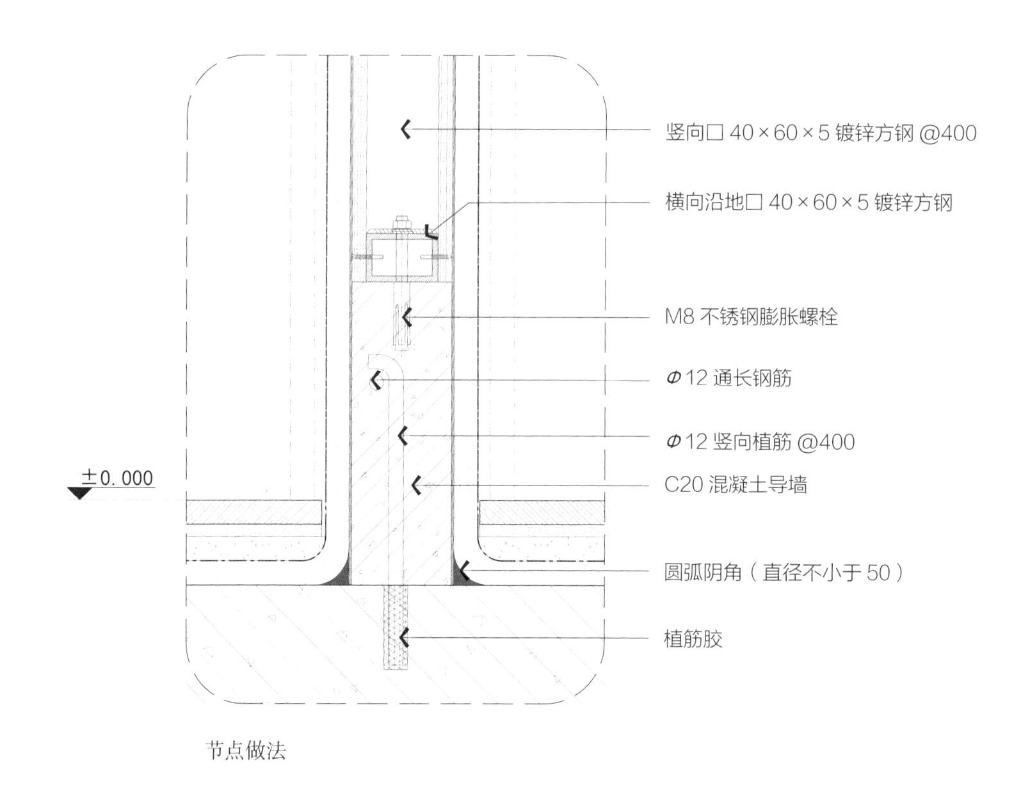

节点做法

3.1.4 轻钢龙骨隔墙与幕墙交接收口不合理

1）通病现象

轻钢龙骨隔墙与幕墙玻璃交接处收口不合理，在其交接处未进行封堵，影响功能与美观。

2）原因分析

深化图纸中未明确轻钢龙骨隔墙与幕墙交接处的收口做法。

前期未对施工班组进行技术交底，或交底不到位，施工过程管控不到位。

3）预防 / 解决措施

砌筑隔墙与幕墙竖框使用镀锌贴皮封堵，内填充玻璃棉。

轻钢龙骨隔墙端部与幕墙竖框之间使用弹性材料填充，收口处使用弹性防火密封胶。

问题案例

正确做法

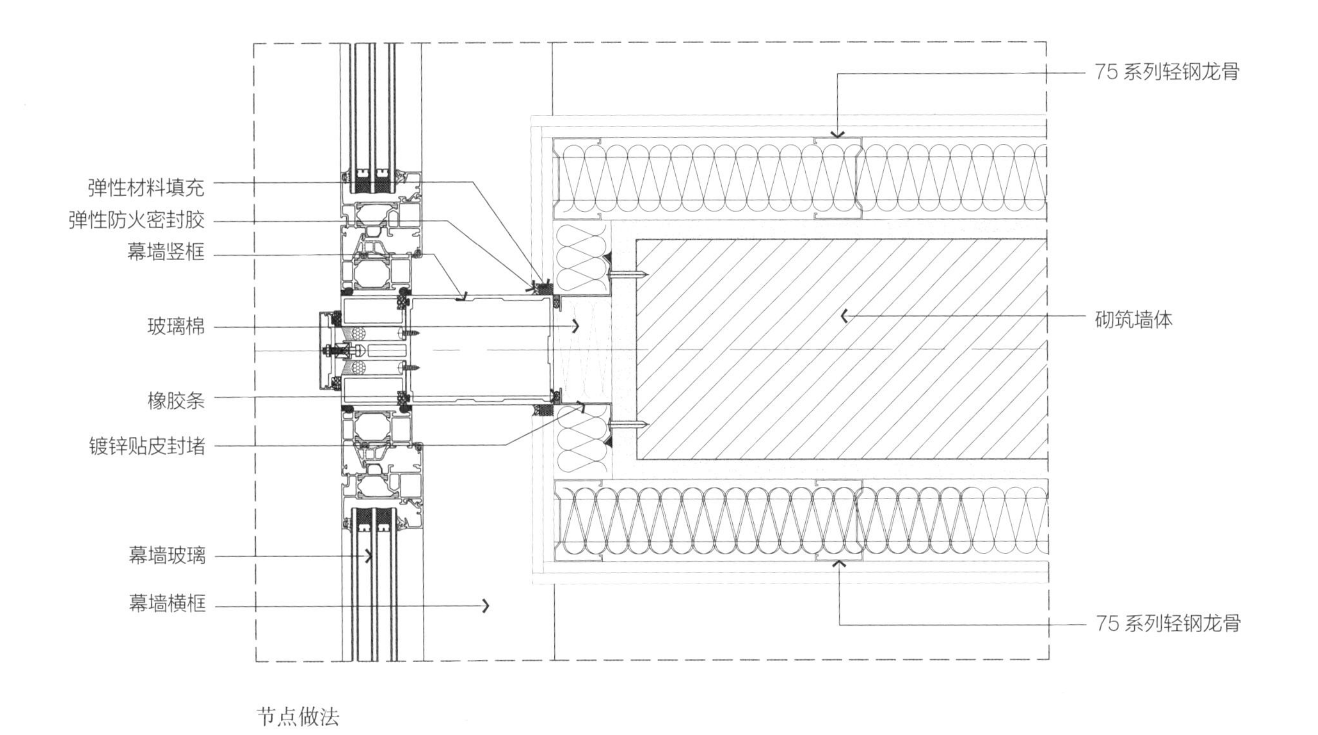

节点做法

3.2 吊顶工程质量通病与防范

3.2.1 吊顶未设置反支撑

1）通病现象

吊顶吊杆高度超过 1.5 m，未按规范设置反向支撑，或设置反支撑不符合规范要求。

2）原因分析

吊杆过长影响吊顶的稳定性。

由于吊杆过长，吊杆刚度不足，风压向上引起吊顶变形、开裂。

3）预防 / 解决措施

当吊顶长度大于 1.5 m 且小于 2.5 m 时，应设置反支撑。

吊顶反支撑通常用型钢制作，应具有一定的刚度，且满足防火、防腐要求，并与楼板结构进行可靠连接。

问题案例

正确做法

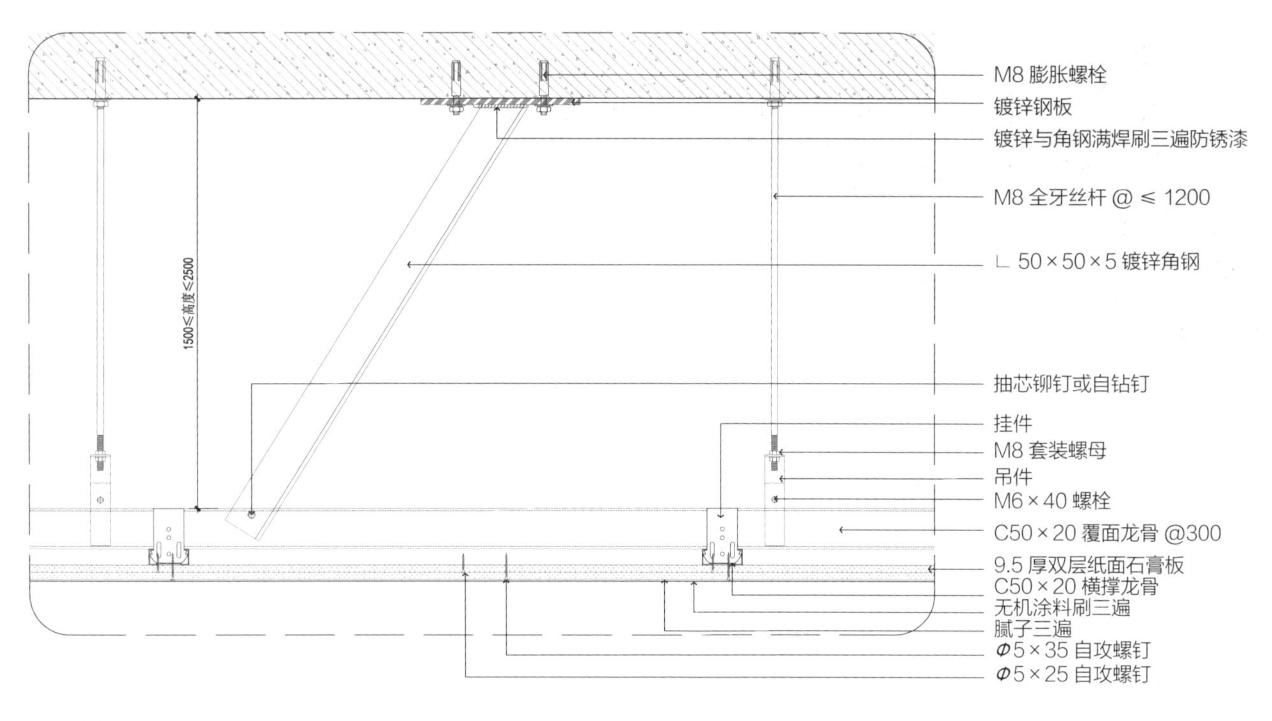

节点做法

3.2.2　吊顶未设置钢架转换层

1）通病现象

吊顶吊杆高度超过 2.5 m，未按规范设置钢架转换层，吊筋牢度不够或造型容易摆动，引起造型稳定性不好、造型开裂等现象。

2）原因分析

吊杆过长影响吊顶的稳定性。

由于吊杆过长，吊杆刚度不足，风压向上引起吊顶变形、开裂。

3）预防 / 解决措施

吊杆上部为网架、钢屋架或吊杆，其长度大于 2.5 m 时，应设有钢架转换层。

根据大型吊顶造型的负载要求设置钢架转换层。

问题案例

正确做法

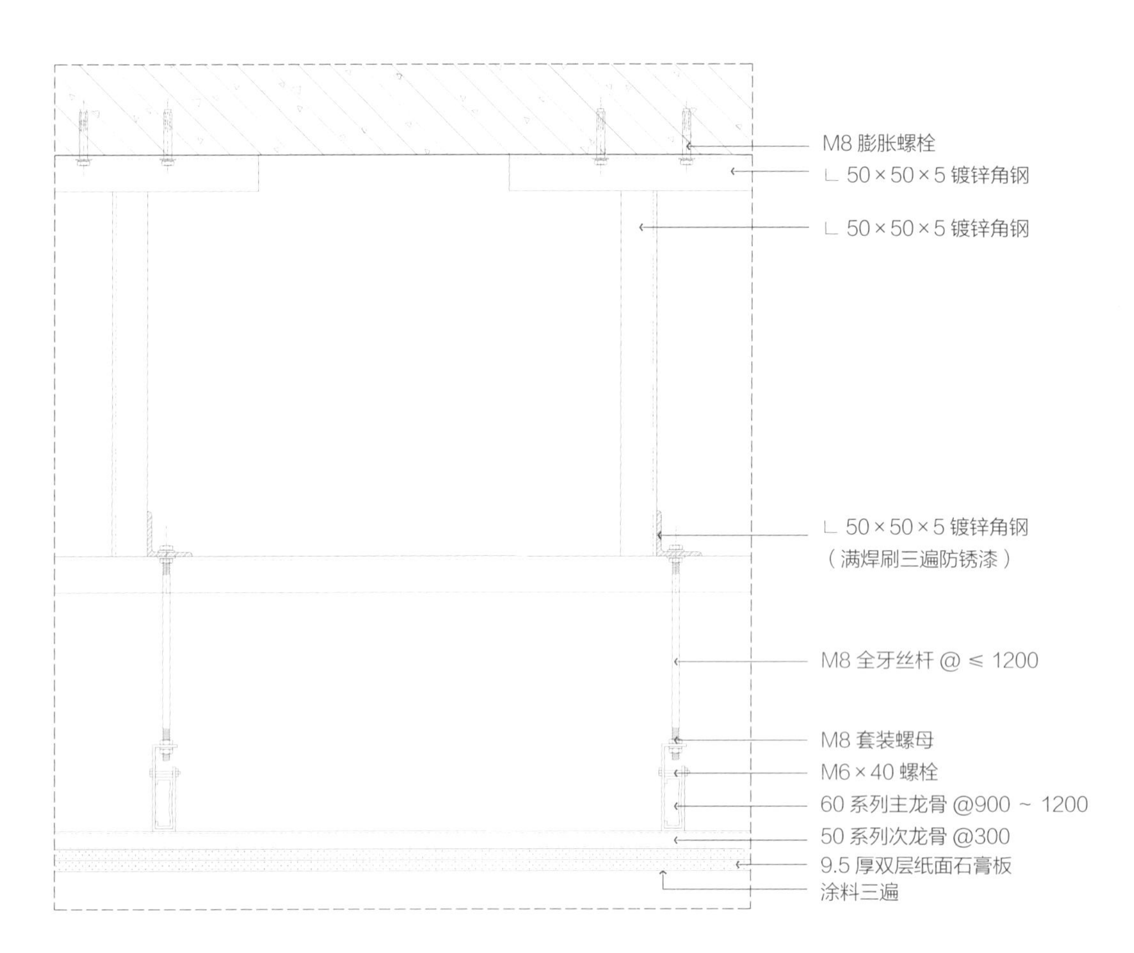

节点做法

3.2.3 吊顶未设置伸缩缝

1）通病现象

长走道顶面开裂或在伸缩缝附近产生裂缝。

2）原因分析

吊顶长度过长或面积过大，温度变形积累较大，未设置伸缩缝，引起石膏板开裂。

吊顶伸缩缝处两侧的主副龙骨及饰面材料未断开，吊顶伸缩缝没贯通。

3）预防 / 解决措施

吊顶长度超过 12 m 或面积超过 100 m^2 的，要在合适位置预留伸缩缝。

吊顶伸缩缝处的主龙骨应断开，石膏板也要断开，石膏板进行搭接处理或者用成品伸缩缝金属嵌条、金属盖板来处理。

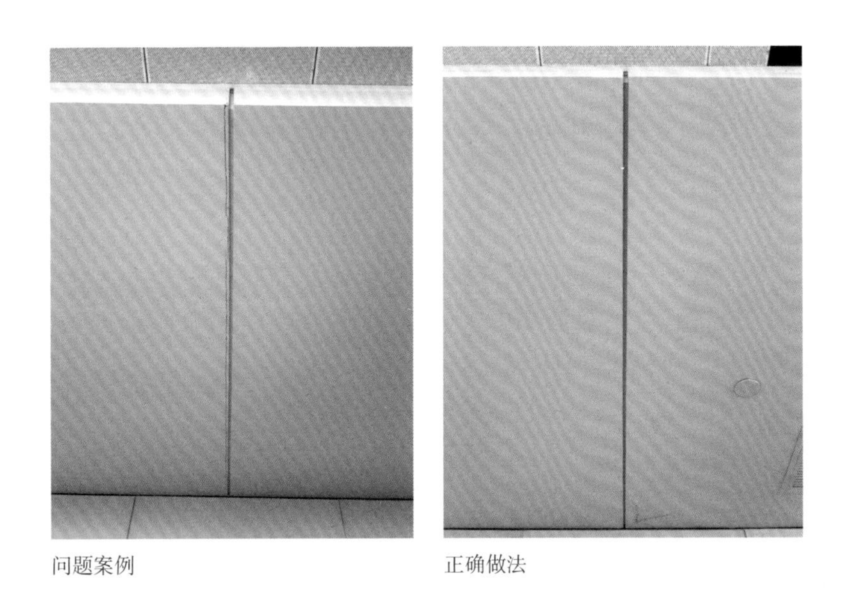

问题案例　　正确做法

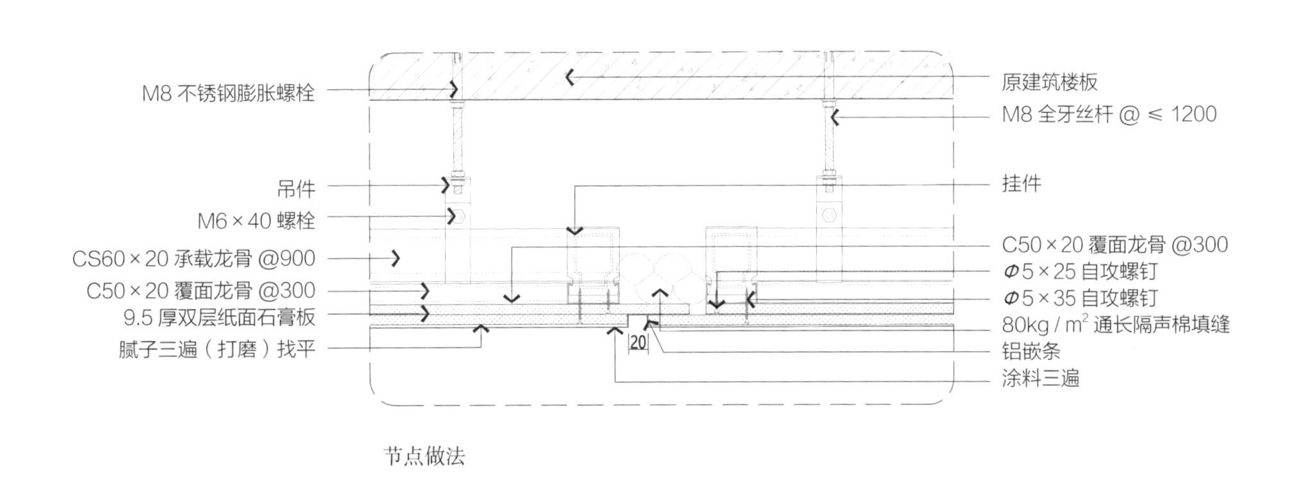

节点做法

3.2.4 吊顶检修口处龙骨未加固

1）通病现象

吊顶施工不规范：检修孔四周未加固，且未增加吊杆。易开裂，后期检修时会破坏吊顶。

2）原因分析

吊顶检修口处没有深化设计节点，或节点图不正确。

前期策划不到位，未对施工班组进行技术交底，或交底不到位。

3）解决措施

在检修孔四周加固轻钢龙骨或型钢龙骨，并在四个角上增加丝杆吊筋或型钢吊杆。

前期对施工班组进行全面的技术交底。

项目部在施工过程中要加强监控，发现质量问题要及时返工整改。

问题案例

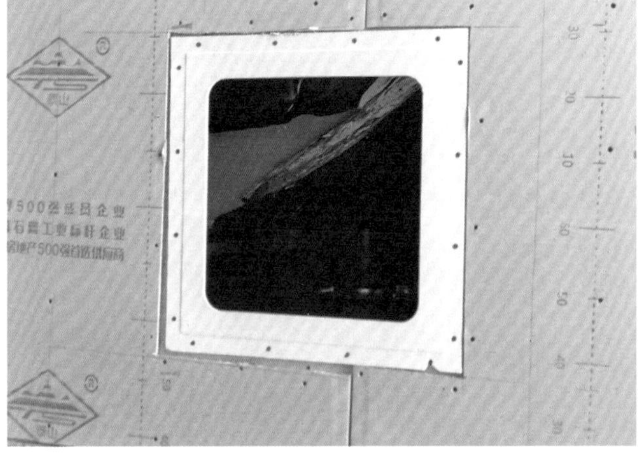

正确做法

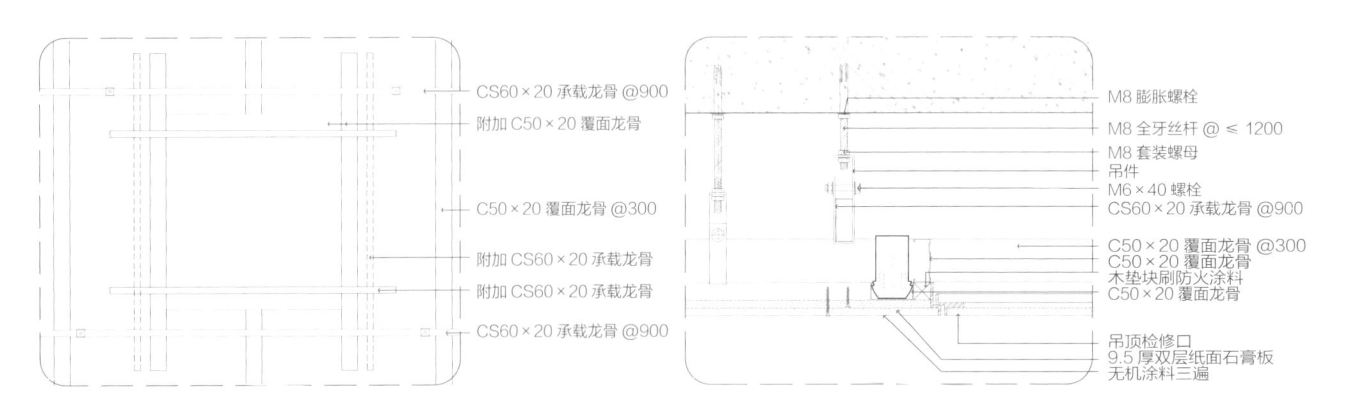

节点做法

3.2.5　大型灯具的吊挂未加固

1）通病现象

安装大型灯具部位未单独设置吊挂装置，后期会存在质量和安全隐患。

2）原因分析

安装大型灯具或重型设备时，未按照设计要求单独设置吊挂装置。

3）预防 / 解决措施

大型吊灯安装需按厂家提供的参数预留和加固。

需在结构楼板面预留挂钩，根据灯具或设备的重量和体积，按相关规范来确定预留挂钩的承载力并经过专业计算。

问题案例

正确做法

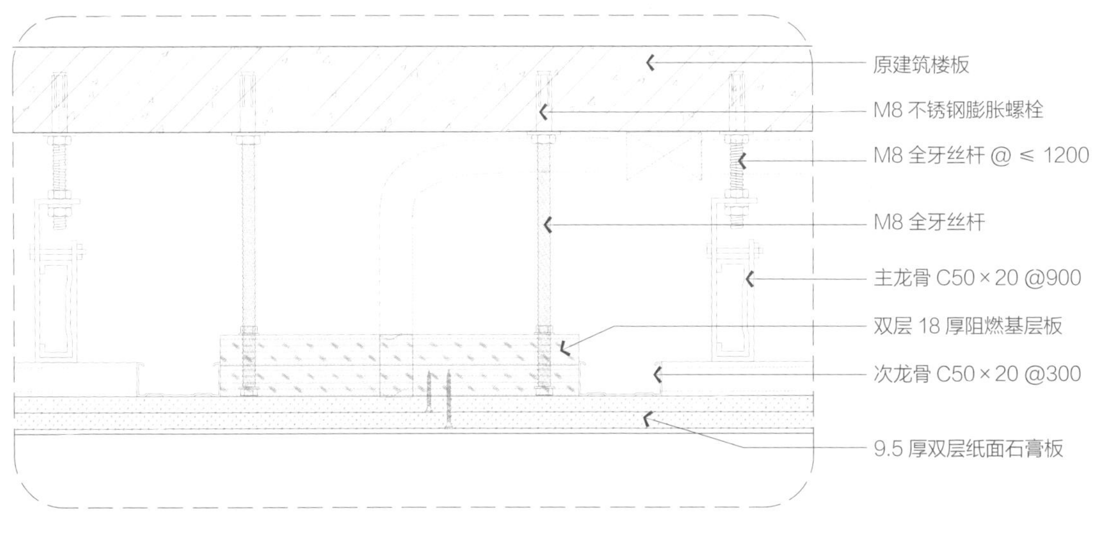

节点做法

3.2.6 顶面综合点位布置混乱

1）通病现象

顶面综合点位布置未对齐，不在一条线上，整体混乱、不美观；喷淋强制定位不准，突出顶面较多。

2）原因分析

装饰单位与安装单位没有做好图纸交底及现场交接。

未对顶面综合点位排布进行深化设计，二次机电深化不到位。

顶面综合点位安装时未进行强制定位。

3）预防 / 解决措施

综合天花深化后，各单位进行会签确认，严格按照签字后的图纸施工，与消防、机电、暖通单位协调配合好，确保顶面最终装饰效果。

精装单位根据签字确认后的综合天花图在现场进行准确放线定位，各专业单位对顶面设备末端、检修口等点位要严格按照强制定位进行施工。

问题案例

正确做法

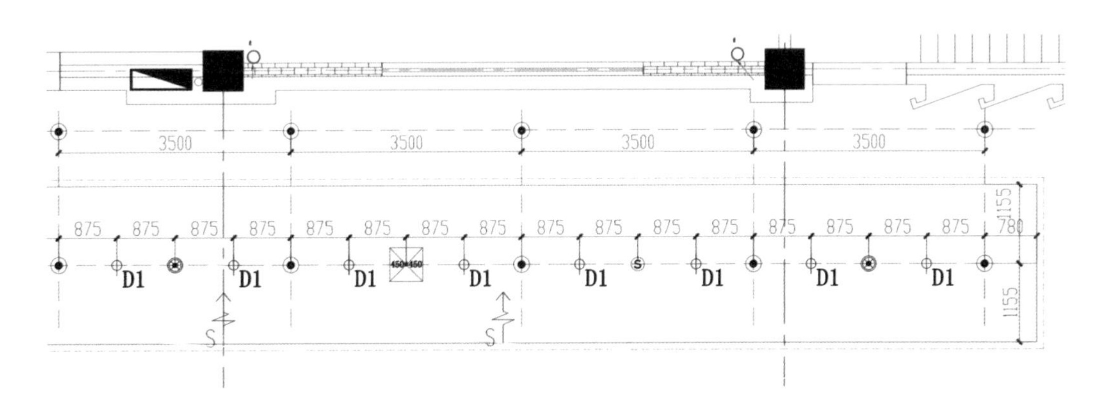

节点做法

3.3 墙面工程质量通病与防范

3.3.1 暗门变形、侧面材质破损

1）通病现象

走道管道井暗门（或消防栓暗门）贴墙纸，不易收口且边角不挺；暗门经常开闭时墙纸易起鼓，影响美观。

走道管道井暗门（或消防栓暗门）出现变形，门关不上或关上后上下缝隙不一致。

2）原因分析

管道井门侧面未做收口处理，经常开启，易受到损坏。

绞链处留缝过宽不美观，留缝过窄开启时边角受挤压，易损坏。

3）预防 / 解决措施

检修门四周及边框用不锈钢条或同色的烤漆不锈钢或铝条进行收边处理，调整门四周，使其留缝均匀。

暗门的门框、门扇的阳角部位要进行不锈钢、铝型材等压边处理，在开关门时墙纸才不易损坏。

建议由厂家做成品铝合金门，四边采用金属收边条，现场安装面层材料，门扇厚度应控制在 35 ~ 40 mm。

问题案例

正确做法

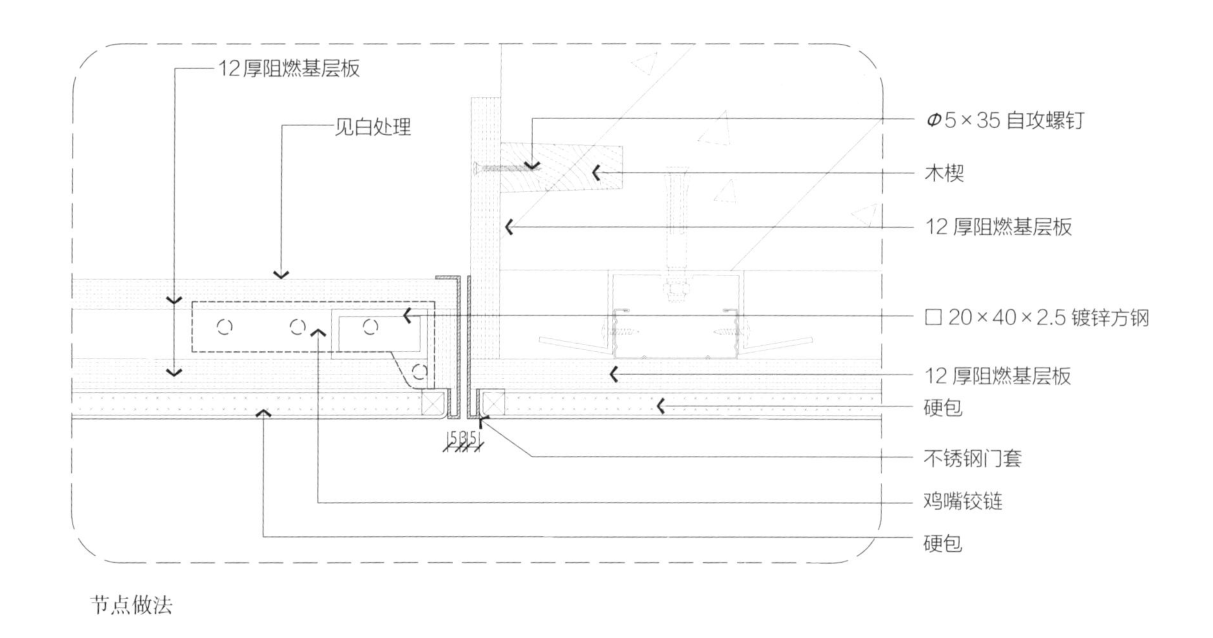

节点做法

3.3.2 墙面造型木饰面工艺缝之间没有通缝

1）通病现象

同一空间墙面木饰面横向工艺缝未相通，包柱子或转角木饰面造型工艺缝未通缝。

2）原因分析

木饰面厂家深化设计人员经验不足，同一空间没有整体下单，未考虑转角造型关系。

项目部未重视木饰面审核工作，深化设计未仔细审核木饰面下单图，未对排板效果进行确认。

3）预防 / 解决措施

项目部要深度参与到木饰面下单工作中，深化设计应充分考虑收边收口关系及设计排板效果，并进行现场尺寸复核，确保其满足现场安装要求。

项目部严格执行下单图审流程，深化设计师与施工员加强下单图纸审核工作，签字确认后才允许下单。

问题案例

正确做法

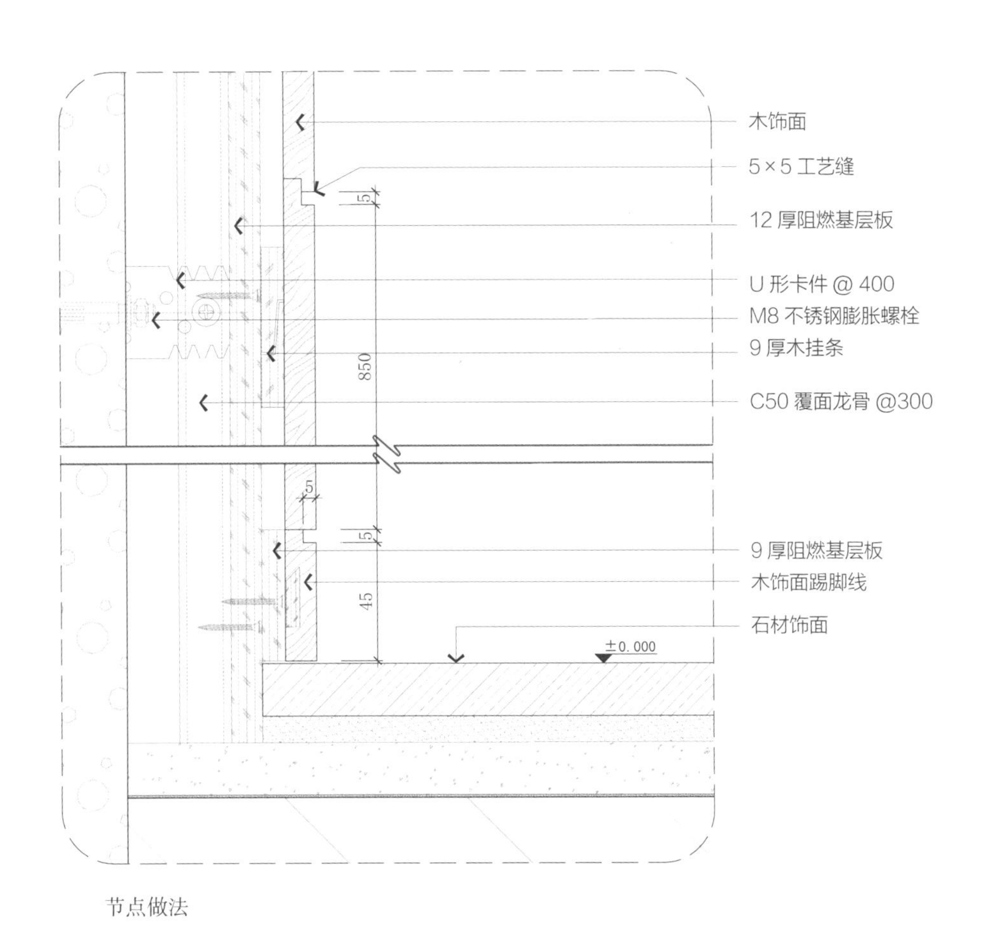

节点做法

3.3.3 石材水平 U 形工艺缝位置不符合要求

1）通病现象

石材水平 U 形工艺缝位置不符合要求，容易看到黑缝。

2）原因分析

墙面石材通常采用横向 U 形或 V 形工艺槽，石材干挂过程中因切割时侧面未打磨，接缝处缝隙较大。

下单过程中未审核石材排板细节，未统一按照在石材上部或下部的同一种方式留工艺槽，造成两块石材在拼接时的接缝较明显，容易看到缝隙，影响装饰效果。

3）预防 / 解决措施

石材下单过程中深化设计师要审核工艺槽留缝细节，以人眼视线高度 1.5 m 为界线，视平线以下部分的石材在下块石材留槽，视平线以上部分的石材在上块石材留槽。

问题案例

正确做法

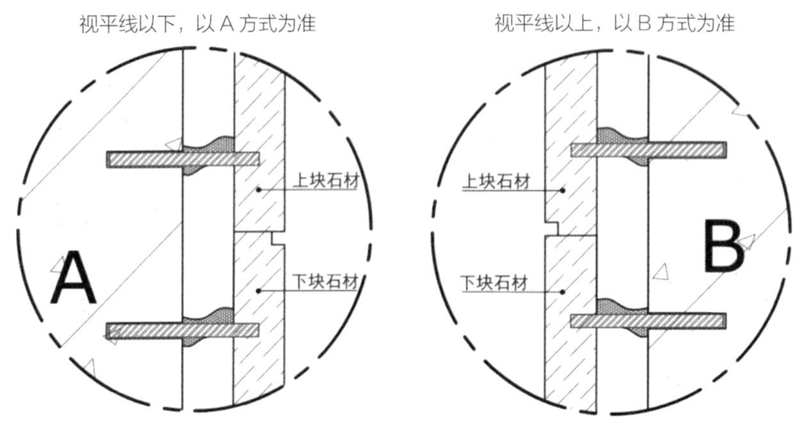

所有干挂石材墙面的凹槽预留，避免缝隙出现在视线内

节点做法

3.3.4　拉槽石材墙面阴角接缝处出现黑洞

1）通病现象

拉槽石材墙面阴角接缝处出现黑洞，影响装饰效果。

2）原因分析

前期策划未到位，加工图纸未做 45° 拼接。

未及时修补到位。

3）预防 / 解决措施

石材下单过程中应把立面展开，考虑阴阳角拼接角度与效果。

深化节点时应策划到位，可以建模型模拟施工，石材阴角处工艺槽采用内切 45° 或搭接方式，保证横向通缝。

问题案例

正确做法

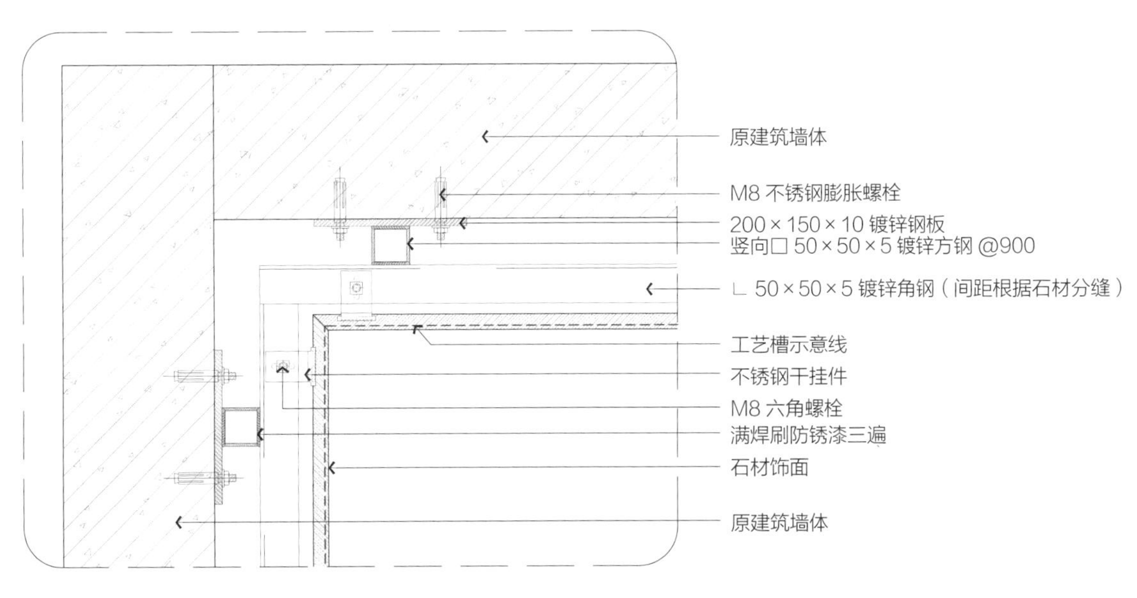

节点做法

3.3.5 消防卷帘侧墙轨道与墙面石材收口不合理

1）通病现象

消防卷帘侧墙轨道与墙面石材收口不合理，高低不平、大小不一，部分需要打胶处理，影响使用及观感。

2）原因分析

消防卷帘侧墙轨道与墙面石材连接处节点未深化。

现场技术交底不到位，或虽有交底但检查督促不够。

轨道与石材安装顺序颠倒。

3）预防 / 解决措施

在原轨道与石材墙面连接处增加特制不锈钢型材相接，注意增加的不锈钢凹槽不要影响消防轨道的升降及使用。

注意卷帘门上口的处理方式，以不见基层、卷帘门方便开启及检修为准。

问题案例

正确做法

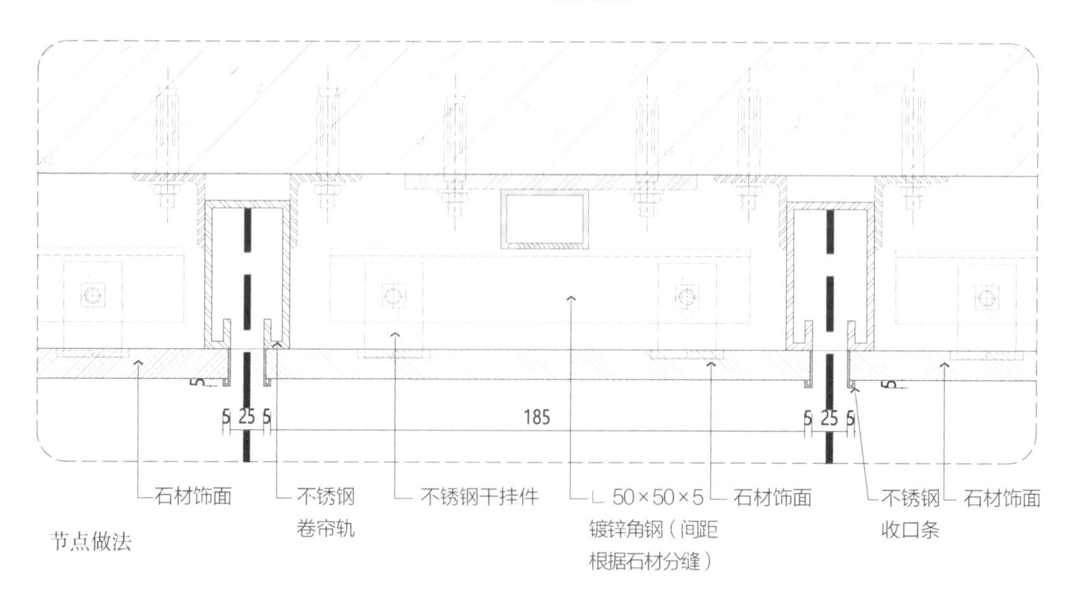

节点做法

3.3.6 窗户上部墙砖留缝不合理

1）通病现象

窗户上部墙砖留缝不合理，影响美观。

2）原因分析

深化设计师对墙地砖排板不合理，对收口策划不到位。

工人未按照墙砖排板图进行施工。

施工过程中管控检查不到位，未能及时发现问题。

3）预防 / 解决措施

加强瓷砖排板深化图纸审核，有问题的图纸及时修改更正。

加强施工班组的技术交底，严格按排板图深化放线施工 。

管理人员在施工过程中加强监控与检查，发现问题及时整改。

问题案例

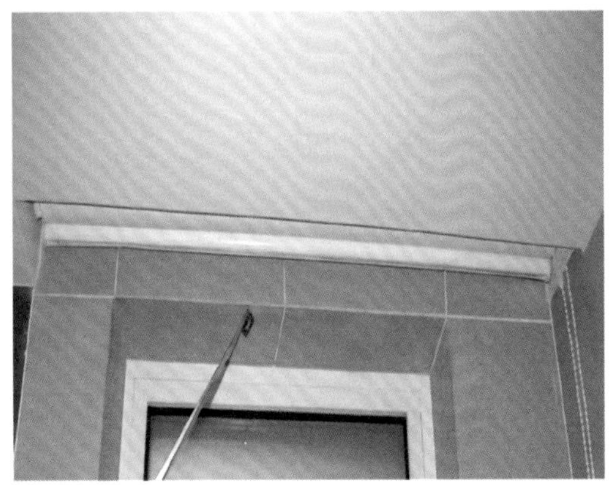

正确做法

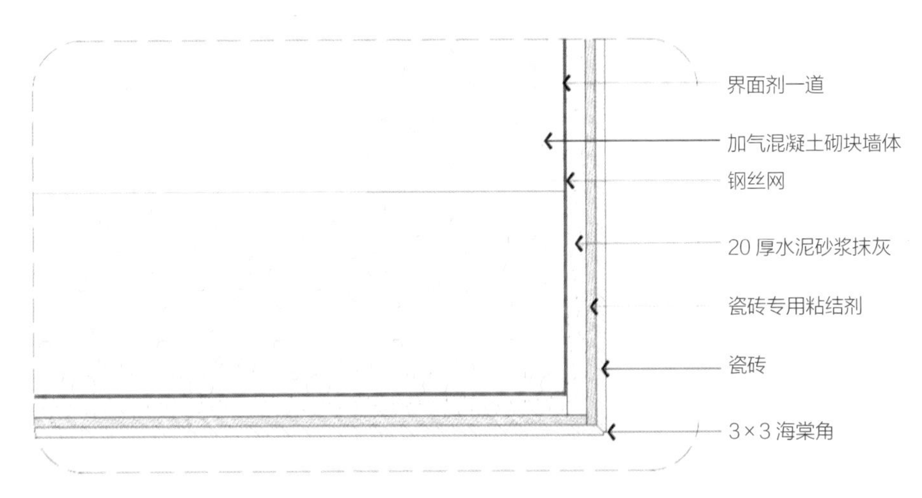

节点做法

主要参考资料

1.《建筑装饰装修工程质量验收标准》GB 50210—2018

2.《建筑设计防火规范》GB 50016—2014（2018 年版）

3.《建筑内部装修设计防火规范》GB 50222—2017

4.《建筑材料及制品燃烧性能分级》GB 8624—2012

5.《民用建筑设计统一标准》GB 50352—2019

6.《建筑室内安全玻璃工程技术规程》T/CBDA 28—2019

7.《建筑与市政工程无障碍通用规范》GB 55019—2021

8.《防火门》GB 12955—2008

9.《消防给水及消火栓系统技术规范》GB 50794—2014

10.《内装修—墙面装修》13J502-1

11.《内装修—室内吊顶》12J502-2

12.《内装修—楼（地）面装修》13J502-3

13.《内装修—细部构造》16J502-4

后记

“建筑装饰工程设计专业教学参考资料”编委会由来自企业、高校、科研机构等单位的设计师、教师及专家组成，此次策划并组织编写的《建筑装饰深化设计工作手册》和五册《建筑装饰节点图集》，搭建了深化设计的理论体系和应用范例，在中国建筑装饰行业及其专业教育的发展中具有重要意义。

建筑装饰深化设计是在中国建筑装饰行业迅猛发展的过程中，由行业龙头企业的专业团队通过数以千计的工程项目实施，并从中发掘、总结、创新的建筑装饰全生产流程中的一个重要环节，也是施工组织管理的技术保障。因此从某种意义上讲，建筑装饰行业的技术关键就是深化设计，深化设计是建筑装饰企业的核心竞争力。尤其是在当前发展新质生产力，实现建筑工业化，推广建筑师负责制及设计施工一体化（EPC）的大背景下，深化设计的重要性日益凸显。

同时，我们还看到了深化设计针对行业教育的影响。众所周知，与建筑装饰行业配套的环境设计教育几十年来得到了长足发展，目前全国有 1500 所高职以上院校开设环境设计课程，在校学生常年保持在 30 万～ 40 万人的规模，为行业培养了近 1000 万从业人员。目前环境设计教育存在的问题是教学未能与时俱进，造成产教分离的现象。例如，环境设计课程只教授从效果图到施工图这一阶段的内容，并没有涉及从施工图到建筑产品这一重要部分。根据教从产出的原则，深化设计是环境设计教育的重要组成部分，假以时日，伴随着深化设计在建筑装饰行业的地位日益提高，完全可能发展成为与环境设计并列的建筑装饰行业教育的专业生态集群，以教促产为中国建筑装饰行业培养更多建筑工业化人才。

本书编写过程中，虽经反复推敲核证，仍难免有不妥甚至疏漏之处，衷心希望广大读者为本书提出宝贵意见，以便在今后的编写工作中加以改进。同时我们也将以此为起点，围绕深化设计多出书，出好书，并开展多种形式的宣传推广活动。

最后，感谢为本书作序的中国建筑学会李存东秘书长、苏州金螳螂文化发展股份有限公司杨震董事长；感谢江苏凤凰出版传媒股份有限公司徐海总编辑、天津凤凰空间文化传媒有限公司孙学良总经理为本书付出的心血。

“建筑装饰工程设计专业教学参考资料” 编委会

2024 年 4 月